Albert Philibert Franz von Schrenck-Notzing

Ein Beitrag zur therapeutischen Verwerthung des Hypnotismus

Albert Philibert Franz von Schrenck-Notzing

Ein Beitrag zur therapeutischen Verwerthung des Hypnotismus

ISBN/EAN: 9783743450424

Hergestellt in Europa, USA, Kanada, Australien, Japan

Cover: Foto ©berggeist007 / pixelio.de

Manufactured and distributed by brebook publishing software
(www.brebook.com)

Albert Philibert Franz von Schrenck-Notzing

Ein Beitrag zur therapeutischen Verwerthung des Hypnotismus

EIN BEITRAG

ZUR

THERAPEUTISCHEN VERWERTHUNG

DES

HYPNOTISMUS.

VON

ALBERT, FREIHERRN v. SCHRENCK-NOTZING,

DR. MED. UND PRAKTISCHER ARZT.

EIN BEITRAG

zur

THERAPEUTISCHEN VERWERTHUNG

des

HYPNOTISMUS.

VON

ALBERT, FREIHERRN v. SCHRENCK - NOTZING,
DR. MED. UND PRAKTISCHER ARZT.

LEIPZIG,

VERLAG VON F. C. W. VOGEL.

1888.

SEINEN LIEBEN ELTERN

AUS DANKBARKEIT GEWIDMET

VOM

VERFASSER.

EINLEITUNG.[1)]

Possunt quia posse videntur
(VIRGIL.)

Die hypnotischen Erscheinungen, welche erst seit dem Jahre 1841 durch die grundlegenden Untersuchungen des genialen englischen Arztes Dr. JAMES BRAID recht eigentlich Gemeingut der heutigen Wissenschaft wurden, sind in mehreren Entwicklungsperioden so vielfach von verschiedenen Gesichtspunkten aus Gegenstand eingehenden Studiums geworden, dass man bereits im Stande ist, die gewonnenen Resultate und die darüber vorliegende reichhaltige Literatur nach dem Inhalt und den in einigen grossen Gruppen von Arbeiten vertretenen Richtungen entsprechend einzutheilen.

Der bleibende Werth nun der neuesten Thatsachen auf diesem Gebiet ist allerdings erst nach Ablauf der gegenwärtigen Periode zu beurtheilen, wenn eine sorgfältige, oft wiederholte Nachprüfung das Thatsächliche von manchem noch anhaftenden Irrthum getrennt haben wird.

Einer der wichtigsten Ausgangspunkte für die Untersuchung, welchem auch die grösste Anzahl der neueren Publicationen entspricht — ist unstreitig die Verwerthung des Hypnotismus und der Suggestion für die Therapie. Einen Beitrag zu liefern zur Lösung dieser heute mehr und mehr in den Vordergrund tretenden Frage ist Zweck vorliegender Arbeit.

Auch für die Zusammenstellung unseres Literaturverzeichnisses war in erster Linie derselbe Gesichtspunkt massgebend.

Absichtlich sind die aufgezählten Schriften auf die Literatur der letzten Jahre beschränkt, wobei nur wichtigere Vorläufer heutiger Richtungen aus früheren Jahrzehnten mit Erwähnung fanden.

Denn wollte man, historisch vorgehend, alle jene dem „animalischen Magnetismus" gewidmeten Werke (u. a. diejenigen aus der

---

1) Die vorliegende Arbeit wurde im Juli 1888 unter dem Präsidium des Herrn Geheimrath von ZIEMSSEN als Dissertationsschrift des Verfassers der medicinischen Facultät zu München eingereicht und von derselben unverändert angenommen.

v. SCHRENCK-NOTZING, Der Hypnotismus.   1

ersten Hälfte des 19. Jahrhunderts von Mesmer, Puységur, du Potet
u. s. w.) berücksichtigen, so müsste man der Gerechtigkeit zu Liebe
selbst die Akkader erwähnen, welche nachweislich, wenn auch in
der Form beschwörender kategorischer Aufforderung, die Suggestion
zu Heilzwecken [1]) schon 3000 Jahre vor Christi Geburt verwertheten,
oder sicherlich bis auf die alten Egypter, welche 1000 Jahre vor
Christi Geburt die Suggestion in ähnlicher Weise therapeutisch an-
wendeten.[2]) Ausserdem giebt es aber bereits, wie das von Baron
du Potet 1845 gegründete, noch bestehende Journal du Magnetisme
mittheilt, in Paris eine 4000 verschiedene, bis zum Jahr 1868 erschienene Werke umfassende Bibliothek. (Jetziger Verwalter ist
H. Durville, Paris, Rue Saint Merre 28.). — Indessen legt uns
die grosse Anzahl der neueren Publicationen noch weitere Beschrän-
kungen auf. — So fehlen die meisten Werke, welche die physiologische Seite des Hypnotismus ausschliesslich erörtern oder die
juristische und pädagogische Frage, sowie die lediglich der psycho-
logischen Erklärung und Theorie gewidmeten Arbeiten, ebenso alle
Schriften über Metallotherapie in der Hypnose, über Transfert, Fern-
wirkung u. s. w. Die Verwendung der Hypnose für chirurgische und
geburtshülfliche Zwecke konnte auch nur kurz Erwähnung finden. —
Vor Allem aber glaubten wir alle jene Werke ausschliessen zu müssen,
welche der dritten französischen Schule, den modernen Mesmeristen [3])
entsprechen. Obwohl zahlreiche und angesehene Gelehrte dieser Richtung angehören, wie z. B. Lafontaine, der zuerst Braid mit den
Erscheinungen des Hypnotismus bekannt machte, — wie Barety,
Younger, Perronnet, Chazarain, Ochorowicz, Gurney, Myers

---

1) Assurbanhabal liess im 7. Jahrhundert vor Christi Geburt auf den von
Rawlinson 1866 aufgefundenen Thontafeln ein in der berühmten Priesterschule
zu Erech seit altersgrauer Zeit mit assyrischer Interlinearversion versehenes Werk
abschreiben zu einer Zeit, wo schon seit 2000 Jahren das Akkadische eine todte
Sprache war. Der zweite Theil des Werkes enthält Krankheitsbeschwörungen,
welche sich von der heutigen „Suggestion" nur dadurch unterscheiden, dass die
Krankheit bei den Aufforderungen personificirt wird.
Näheres in den „Geheimwissenschaften Asiens" von F. Lenormant. 1878.
2) Die in der Pariser Nationalbibliothek aufbewahrte Bentroschstele, eine
steinerne Urkunde in Hieroglyphenschrift, erzählt die glückliche Heilung einer
mesopotamischen Fürstentochter, welche besessen, also geisteskrank war, durch
Besprechung und Streichen. Vgl. Sitzungsber. der königl. bayer. Akademie der
Wissensch. vom 6. Febr. 1875.
3) Die Mesmeristen behaupten die Existenz einer „Force neurique" als Ursache so vieler Heilwirkungen. Die besseren Werke aus neuerer Zeit sind das
voluminöse Buch von Barety (1886) über animalischen Magnetismus und dasjenige
von Chazarain über „Polarität".

u. s. w., so erfreuen sich doch ihre Anschauungen noch heute nicht
einer allgemeineren Anerkennung. Sowohl die Art des Verfahrens,
wie die Erklärung der Erscheinungen unterscheidet sie von den eigentlichen Vertretern des Hypnotismus. Uebrigens findet man in der im
Juni 1888 erschienenen Bibliographie von MAX DESSOIR (Berlin,
Duncker) die für alle oben erwähnten Gesichtspunkte wichtigeren
Werke zusammengestellt. Der Uebersicht wegen sind die Titel des
nachfolgenden Literaturverzeichnisses in chronologischer Reihenfolge
geordnet — und zwar je nach den Ländern ihrer Entstehung.

In den Arbeiten des Auslandes ist das Eintheilungprincip möglichst streng durchgeführt wegen der übergrossen Zahl hierher gehöriger Schriften. Bei der Literatur Deutschlands glaubten wir
dagegen alle uns bekannten Arbeiten aus den letzten Jahrzehnten
anführen zu müssen, einmal, weil die Zahl der für die hypnotische
Therapie wichtigen Schriften eine verhältnissmässig geringe ist, zweitens, weil ein umfassendes Verzeichniss der sämmtlichen deutschen
Leistungen mit strenger Durchführung des Eintheilungsprincips nicht
vorliegt, — weder in der Arbeit DESSOIR's, die sich ganz an CHARCOT
und BERNHEIM anlehnt und deswegen die deutschen Publicationen aus
der Periode 1878—82 gar nicht erwähnt, — noch in derjenigen von
PREYER und BINSWANGER (vgl. Nr. 421 nachstehender Bibliographie).

Bei der englischen Literatur werden die wichtigen Schriften
BRAID's mit angeführt, weil die modernen Richtungen schon keimartig in seinen Schriften sich vorfinden, er also mit Recht als der
„Vater des modernen Hypnotismus" zu betrachten ist.

Ausser in den genannten Arbeiten finden sich noch Literaturangaben über frühere Perioden oder für bestimmte, etwa zu behandelnde Themata in den Aufsätzen von MÖBIUS, FRÄNKEL-TAMBURINI.
SALLIS, HÜCKEL u. s. w. (vgl. Nr. 197, 388, 389, 390, 421, 423, 430, 436)

Der Hypnotismus in Frankreich.

Unsere heutigen Erfahrungen über die hypnotischen Erscheinungen, besonders über die praktische Verwerthung derselben im Dienste der Heilkunde verdanken wir hauptsächlich den zahlreichen, theilweise trefflichen Arbeiten unserer französischen Nachbarn.

Schon in den Jahren 1855 und 1860 veröffentlichte der französische Arzt Dr. PHILIPS [1]) (Paris) seine unabhängig von BRAID gewonnenen Resultate über den Hypnotismus und in einer zweiten Arbeit (vgl. Nr. 5) behandelt er bereits die praktische Verwerthbarkeit dieser Thatsachen für die interne Medicin und Chirurgie und hebt die Wichtigkeit dieser Erscheinungen für die gerichtliche Medicin und das Erziehungswesen hervor. — Die zu derselben Zeit Aufsehen erregende Verwendung der Hypnose als Narcoticum bei Operationen durch BROCA, FOLLIN, GUÉRINAU, VELPEAU u. s. w. können wir hier übergehen. Dagegen deuten bereits DEMARQUAI und GIRAUD, TEULON (vgl. Nr. 1) einerseits und LASÈGUE andererseits (vgl. Nr. 8) 1860 und 1865 die Richtung der Pariser Schule an, — erstere wegen ihres systematisch experimentellen Vorgehens, letzterer wegen seiner zielbewussten Versuche mit Katalepsie bei Hysterischen. Schon damals stellte LASÈGUE, der übrigens erst 1884 seine Arbeiten zusammenhängend veröffentlichte, Unterschiede zwischen dem natürlichen und sogenannten „Nervenschlaf" auf, welche heute noch von manchem Forscher als massgebend anerkannt werden, und unterschied bei gewissen Hysterischen verschiedene Grade des Schlafes, vom einfachen Schlummer bis zur tiefen mit Anästhesie verbundenen Lethargie (Nr. 60 u. 65). Die nächsten Jahre bringen wenig Neues, — höchstens wäre die Heilung einer Katalepsie mit Hypnose durch PAU DE ST. MARTIN 1869 zu erwähnen — und fast schien es, als sollte das Studium des Hypnotismus wieder der Vergessenheit anheimfallen, als im Jahre 1875 der Professor der Physiologie in Paris, CHARLES RICHET, die Aufmerksamkeit der medicinischen Welt auf die hypnotischen Phänomene zurücklenkte. Seine Arbeit, welche ohne Kenntniss der

---

1) PHILIPS ist das Pseudonym für DURAUD DE GROS.

Schrift Liébeault's (erschienen 1866) abgefasst war und deswegen wohl auch den neuropathischen Standpunkt einnimmt, unterscheidet 3 Perioden des Somnambulismus: torpeur, excitation und stupeur. Das Hauptverdienst Richet's besteht in der richtigen Beleuchtung der psychischen Phänomene des Somnambulismus. Seine 1880 und 1884 über denselben Gegenstand publicirten Arbeiten (Nr. 20, 72 und 73) nehmen im wesentlichen den Standpunkt der Charcot-Schule ein, welcher er sich inzwischen anschloss. Besonders wichtig aus seiner letzten Schrift (Nr. 72) erscheint uns das Kapitel über die Simulation (p. 154), worauf wir bei Behandlung dieser Frage zurückkommen werden.

Indessen theilte Charcot im Jahre 1878 seine ersten Erfahrungen über Hypnotismus bei Hysterischen mit (Nr. 15). Ihm folgte noch in demselben Jahre mit einer kleineren Arbeit sein Assistent Dr. Paul Richer (Nr. 17). Und im Jahre 1879 kam von demselben Verfasser die erste umfassende Studie über „grosse Hysterie" heraus (Nr. 19), welche bereits 1885 in bedeutend vermehrter zweiter Auflage erschien (Nr. 85) unter dem Titel: „Klinische Studien über grosse Hysterie und Hystero-Epilepsie". Der vierte Abschnitt dieses voluminösen Werkes, welcher allein die Hälfte desselben ausmacht, beschäftigt sich ausschliesslich mit den Erscheinungen des „grossen Hypnotismus" bei Hysterischen. Alle weiteren Arbeiten der Verfasser sind nur eine Ergänzung und Stützung des hier vertretenen Standpunktes. — Derselbe ist in Kürze folgender: Charcot unterscheidet bei der Hypnose Hysterischer — denn nur mit solchen experimentirt er — drei scharf gesonderte Stadien, und zwar:

I. Die **Katalepsie** wird erzeugt durch starke Sinnesreize, z. B. plötzliche, intensive Geräusche, schnelles Aufleuchten eines hellen Lichtes u. s. w.

Symptome: Unbeweglichkeit, Flexibilitas cerea. Ein horizontal ausgestreckter Arm wird eine Zeit lang ohne respiratorische Veränderung in der gegebenen Stellung gehalten und sinkt nach einer gewissen Zeit von verschiedener Dauer herunter.

Druck auf die Muskeln, Sehnen oder Nerven erschlafft die zugehörigen Muskeln. Die paradoxe Contraction ist vermindert und tritt langsam ein. Sehnenreflexe abgeschwächt.

Die Respiration ist verlangsamt, der Magnet ohne Einfluss. Häufig Apnoë.

Anästhesie der Haut und der Ovarien.

Sinnesthätigkeit abgestumpft.

Circulation: Periphere Gefässe verengt (vgl. Tamburini Nr. 191).

Augen geöffnet, starrer unbeweglicher Blick.

Verbalsuggestionen sind von geringem Effect, dagegen solche durch den Muskelsinn möglich (vgl. Nr. 15, 17, 25, 26, 34, 35, 36).

II. Die Lethargie wird hervorgerufen durch Fixation eines nicht zu glänzenden Gegenstandes (Methode von BRAID).

Symptome: Die Muskeln sind völlig schlaff. Es besteht neuromusculäre Hyperexcitabilität: mechanische Reize auf Muskeln, Nerven, Sehnen bewirken in den zugehörigen Muskeln rasch Contracturen. Die Sehnenreflexe sind erhöht, die paradoxe Contraction tritt rasch ein.

Empfindlichkeit für ästhesiogene Reize ist erhöht, besonders für den Magneten.

Hyperästhesie der Ovarien und des Gehörs. — Analgesie.

Respiration tief und beschleunigt.

Circulation: Periphere Gefässe erweitert (Nr. 197).

Augen fast ganz geschlossen. Tremor der Lider.

Geistige Stumpfheit der Versuchsperson in der Regel vollkommen. In Ausnahmefällen Zugänglichkeit für Suggestionen und suggestive Hallucinationen.

III. Den Somnambulismus erzeugt durch gleichmässig andauernde schwache Sinnesreize, durch die blosse Vorstellung des Schlafes.

Symptome: Muskelspannung, ähnlich wie im wachen Zustande. Leichte Hautreize (Anblasen, Streichen u. s. w.) rufen Contracturen der unterliegenden Muskelgruppen hervor, welche durch dieselben Reize zum Verschwinden gebracht werden. Ein mechanischer Reiz erzeugt leicht allgemeine Muskelstarre, die der mechanischen Reizung der Antagonisten nicht weicht. Sehnenreflexe normal.

Analgesie bisweilen vorhanden.

Sinne meist verschärft. Empfänglichkeit für Sinneseindrücke gesteigert.

Augen halb geöffnet, Lider vibriren.

Bewusstsein und geistige Thätigkeit getrübt. Suggestionen leicht zu erzeugen, — aber auch Widerstand gegen Suggestionen vorhanden.

Ueberführung der Stadien in einander.

Durch Schliessen der Augen führt man den kataleptischen oder somnambulen Zustand in den lethargischen, durch Oeffnen der Augen den lethargischen in den kataleptischen über. Reiben des Vertex im kataleptischen oder lethargischen Stadium ruft Somnambulismus hervor.

Während dieser Uebergänge erhält man Zustände mit gemischten Symptomen; unter diesen kann der kataleptiforme Zustand permanent bleiben. In demselben bestehen Flexibilitas cerea und Uebererregbarkeit der Muskeln, sowie erhöhte Sehnenreflexe neben einander. Die Augenlider sind geschlossen. Convulsivbewegungen der Augen hindern die Fixation des Blickes.

Auf die interessanten psychischen Symptome, besonders im somnambulen Zustande, auf die Transferterscheinungen, auf die motorische und emotionelle Polarisation hier näher einzugehen, würde zu weit vom Thema abführen (vgl. Nr. 15, 16, 69, 70, 71, 77).

Praktisch nun verwerthen CHARCOT und seine Schüler die Hypnose nicht nur für die Therapie, sondern auch für die Diagnostik gewisser Nervenkrankheiten. — Sie bedienen sich der Suggestion im Schlaf und im wachen Zustand, letzteres besonders bei Leuten, welche nicht hypnotisirbar sind (vgl. Nr. 136).

So lässt z. B. CHARCOT (Neue Vorles. über Nervenkrankheiten, S. 204) zwei nicht hypnotisirbare Patienten (einen Kutscher und einen Maurer) mit brachialer Monoplegie auf hysterischer Basis infolge von Trauma mit den gelähmten Gliedern täglich Uebungen an dem Dynamometer anstellen — und zwar, um die Hemmungswirkung auf die motorischen Rindencentra, welche von der fixen Idee einer motorischen Leistungsunfähigkeit ausgeht — und infolge dessen die Lähmung in greifbarer Wirklichkeit ausgebildet hat, — durch oft wiederholte Uebungen zu verringern, wodurch die Bewegungsvorstellung, welche jeder willkürlichen Bewegung vorausgehen muss, in den Rindencentren neu belebt wird. Das Steigen der dynamometrischen Ziffer, welches mit der Anzahl der Uebungen gleichen Schritt hält, ist ihm ein Beweis für die Richtigkeit seiner Combination. — Wo die Suggestion in der Hypnose nicht wirkt, ist oft der CHARCOT-Schule die Hypnose allein schon Heilmittel. So schläferte Dr. VOISIN, Assistent CHARCOT's, Patienten, bei denen jede andere, auch suggestive Behandlung fruchtlos war, ein, und dieselben erwachten nach seiner Angabe gesund (vgl. Revue de l'hypnotisme April 1888).

In der Möglichkeit, Lähmungen bei Hypnotisirten zu suggeriren, welche in ihren klinischen Merkmalen sich ganz und gar mit wirklichen Lähmungen decken, erblickt CHARCOT ein Hülfsmittel für die Diagnostik und die klinische Demonstration. Er weist die Gleichheit der Symptomencomplexe (Vorles. S. 288) bis in alle Einzelheiten nach; so finden sich in beiden Fällen: Motorische Lähmung mit Entspannung der gelähmten Partieen, Unempfindlichkeit der Haut und der tiefen Theile, Abgrenzung der Anästhesie durch Kreisebenen,

welche senkrecht auf der Hauptaxe des Gliedes stehen, Verlust und
Herabsetzung der Sehnenreflexe, Aufhebung des Muskelsinus. —
RICHER (85, S. 750 ff.) geht in der Untersuchung des Befundes noch
viel weiter und erblickt in dem Vorhandensein dieser Merkmale einen
stricten Gegenbeweis gegen die Simulation. Und damit kommen wir
zu einem weiteren wichtigen Grundsatz der CHARCOT-Schule. Die
Aerzte an der Salpetrière sehen in den unsimulirbaren, somatischen
Zeichen, — wie sie als Charakteristika der Stadien oben angeführt
sind, — und die man in jedem einzelnen Fall aufzusuchen habe, den
unentbehrlichen Beweis für die Echtheit namentlich der psychischen
Vorgänge und anderer beobachteter Thatsachen. In solchen Fällen
empfehlen CHARCOT und RICHER, die Erscheinungen der nosographi-
schen Methode gemäss festzustellen. — So theilt CHARCOT (Nervenkrankh. S. 14) ein Verfahren mit, um die echte Katalepsie von der
simulirten zu unterscheiden, mit folgenden Worten:

„Kann diese Katalepsie (bei Hysterischen und Hypnotisirten) so
simulirt werden, dass sich der Arzt täuschen lässt? Man glaubt gewöhnlich, dass eine kataleptische Person, der man einen Arm in die horizontal ausgestreckte Stellung bringt, diese Stellung so lange Zeit beibehält,
dass diese Ausdauer allein hinreicht, um den Verdacht auf Simulation ab-
zuweisen. Dies ist nach unseren Beobachtungen nicht richtig; nach 10
bis 15 Minuten fängt der erhobene Arm an, herabzusinken und nach
längstens 20 — 25 Minuten hängt er wieder vertical herab. Gerade so
lange kann ein kräftiger Mann mit Absicht diese Haltung des Armes
durchführen. Das zwischen beiden unterscheidende Merkmal muss also
wo anders gesucht werden. Bringen wir bei der kataleptischen Person,
wie bei dem Simulanten eine MAREY'sche Trommel am Ende der ausge-
streckt gehaltenen Extremität an, welche uns gestattet, die geringsten
Schwankungen des Gliedes graphisch aufzuzeichnen, während gleichzeitig
ein auf die Brust gesetzter Pneumograph die Curve der Respirationsbewegungen liefert, und betrachten wir nun die Curven. Bei der kataleptischen Person zeichnet die dem ausgestreckten Arm entsprechende
Feder während der ganzen Dauer der Bewegung eine vollkommen regelmässig gerade Linie. Die entsprechende Linie beim Simulanten gleicht
in der ersten Zeit der Geraden der kataleptischen Person, aber nach einigen
Minuten beginnen auffällige Unterschiede hervorzutreten. Die gerade Linie
wandelt sich in einen sehr unregelmässig gebrochenen Zug um, der von
Zeit zu Zeit grosse in Reihen gefasste Oscillationen trägt. Ebenso charak-
teristisch sind die Aufzeichnungen des Pneumographen. Bei der kataleptischen Person ruhige, seltene und oberflächliche Respiration, das Ende der
Curve gleicht vollkommen dem Anfange. Beim Simulanten setzt sich die
pneumographische Curve aus zwei ganz verschiedenen Stücken zusammen.
Zu Anfang haben wir regelmässige, normale Respiration, aber in der
zweiten Epoche, jener, die den Anzeichen der am ausgestreckten Arm
hervortretenden Muskelermüdung entspricht, macht sich eine grosse Un-
regelmässigkeit im Rhythmus und im Umfange der Respirationsbewegungen

bemerkbar; die Curve zeigt tiefe und rasche Senkungen als Anzeichen einer die Muskelanstrengung begleitenden Störung der Athmung. — Kurz, Sie sehen, die kataleptische Person zeigt nichts von Ermüdung, die Muskeln lassen nach, aber ohne Anstrengung, ohne Einmischung des Willens. Der Simulant verräth sich, wenn man ihn diesem Doppelversuch unterwirft, auf zwei Wegen: 1. durch die Curve des Armes, welche von der Muskelermüdung zeugt, 2. durch die Curve der Respiration, welche die Spuren der Anstrengung trägt, die er macht, um die Ermüdung zu verdecken. Es ist wahrlich überflüssig, weiter auf dieses Gebiet einzugehen. Ich könnte 100 andere Beispiele anführen, die zeigen, dass die Simulation, von der so viel die Rede ist, wenn es sich um Hysterie und verwandte Affectionen handelt, bei dem gegenwärtigen Stande unserer Kenntnisse nichts weiter ist, als ein Popanz, der nur Neulinge und Zaghafte abhalten kann."

In analoger Weise wird von CHARCOT (Nervenkrankh. S. 9) eine Versuchsanordnung mitgetheilt, durch welche die Echtheit der hysterischen Contractur zum Unterschied von der simulirten genau ermittelt werden kann. Weiter noch, wie CHARCOT, geht sein Vorläufer und Schüler RICHET, um dem Einwurfe der Simulation, welche, wie auch besonders in den „Studien über grosse Hysterie" hervorgehoben wird, bei Hysterischen eine bedeutende Rolle spielen kann — zu begegnen.

So sagt er (Nr. 72, S. 154):

„1. Anzunehmen, dass alle hypnotisirten Personen simuliren, ist absurd. Dass der Bruder des Professor HEIDENHAIN diesen ausgezeichneten Physiologen bei seinen Versuchen mit ihm beschwindelte, würde niemand glauben.

2. Die Uebereinstimmung der Phänomene spricht für ihre Echtheit.

Die Merkmale, welche PUYSÉGUR, ROSTAN, GORGET, HUSSON in Frankreich wahrnahmen — vor 60 Jahren —, sind 1840 durch BRAID in England beobachtet, durch CHARCOT und RICHER 1877, durch HEIDENHAIN in Breslau 1880 und durch so viele andere Gelehrte während des Jahrhunderts in ganz Europa, dass man die Namen nicht alle aufzählen könnte. Eine merkwürdige Simulation, welche sich während so langer Zeit und unter demselben Bilde zeigt: geschlossene Lider, fibrilläre Gesichtszuckungen, Gesichts- und Gehörshallucinationen, Katalepsie, Contracturen u. s. w. — Wie würden Frauen vom Lande, die niemals das Wort ‚Hypnotismus' aussprechen hörten, das simuliren können? Durch welche Divination bringt es eine Kranke, die ich in der Charité einschläferte, zu Stande, und die niemals somnambulen Scenen beigewohnt hatte, sich genau so zu benehmen, wie eine Kranke des Spitals Beaujou, die aus der Provinz kam und am Tage ihres Eintritts von mir hypnotisirt wurde?

3. Die Möglichkeit eines Betruges setzt eine genaue Kenntniss der Anatomie und Physiologie voraus."

Es folgt nun eine Besprechung der von CHARCOT behaupteten
somatischen Zeichen (vgl. oben die Stadien). Resumirend sagt der
Verfasser:

„Endlich betragen sich alle Somnambulen gleich, ihre Mimik ist so
ausgesprochen, die Empfindungen der Ekstase, der Liebe, der Bewunde-
rung, des Zornes, des Abscheues, der Verachtung, werden mit einer so
ausserordentlichen Lebhaftigkeit wiedergegeben, dass alle, welche den
merkwürdigen Scenen beiwohnten, überzeugt waren, eine Simulation sei
hier unmöglich." — — — „Welche Person z. B. könnte brechen, sobald
man ihr sagte: ‚Nicht wahr, ein schlechter Geruch!' Dennoch ist das
ein constantes Phänomen bei den Somnambulen."

Wir glaubten hier die Autoren (CHARCOT und RICHET) ausführ-
licher zu Worte kommen lassen zu müssen, weil gerade die Scheu
vor der Simulation so viele Aerzte namentlich auch in Deutschland
von Versuchen mit Hypnotismus abhält. —

Endlich wird die CHARCOT-Schule noch durch ihre Auffassung
des hypnotischen Zustandes überhaupt charakterisirt. Die meisten
Schüler des Pariser Klinikers sind mit diesem der übereinstimmen-
den Ansicht, dass die Hypnose (im oben erwähnten Sinn — besonders bei Hysterischen) als eine artificielle Neurose aufzufassen sei. —
Mit der Anzahl der Versuche steigert sich durch die inducirten Vorstellungen — wobei hauptsächlich an die psycho-physiologischen
Experimente, weniger an die therapeutischen zu denken ist — der
Automatismus in der betreffenden Versuchsperson schliesslich in einem
solchen Grade, dass die Erregbarkeit des Nervensystems in demselben Verhältniss pathologisch zunimmt, in dem die Widerstandskraft
gegen fremde Einflüsse abgeschwächt wird.

Diese Grundzüge der Lehren CHARCOT's wurden nun von seinen
Schülern durch eine Fülle von Einzeluntersuchungen weiter ausge-
baut. So stellten BINÉ und FÉRÉ zahlreiche Beobachtungen über
Hemisomnambulismus, Transfert und halbseitige Hallucinationen an,
indem der letztere aber auch gleichzeitig einer psychischen Heilmethode sein Interesse zuwandte (vgl. Nr. 47, 56, 63) und schon damals durch die therapeutische Verwendung der Suggestion bei Contracturen, Paralysen, Chorea, Geistesstörungen auf hysterischer Basis
gute Erfolge erzielte.

Die ersten von den an der Salpetrière beobachteten Thatsachen
abweichenden Resultate veröffentlichte 1881 und 82 DUMONTPALLIER,
Chef des Pariser Spitals Pitié (vgl. Nr. 28, 38, 39, 40, 66); ihm schlossen
sich MAGNIN und BÉRILLON an. Für sie ist die neuromusculäre
Hyperexcitabilität in allen 3 Stadien vorhanden, dieselbe lasse sich

am besten durch schwache Hautreize (warme Wassertropfen, Sonnenstrahlen u. s. w.) hervorrufen. Ferner ergänzen sie die 3 Perioden des Hypnotismus durch genauer fixirte Zwischenstadien und stellen das Gesetz auf „La cause qui fait défait", d. h. die Wiederholung des eine Periode hervorrufenden Reizes hebt dieselbe wieder auf. Ferner ist DUMONTPALLIER mit BÉRILLON und DESCOURTIS der Begründer einer ausführlichen Lehre vom Hemihypnotismus, welche vorwiegend psycho-physiologisches Interesse hat und hier nicht weiter ausgeführt wird (Nr. 27, 37, 116).

1884 fügte BREMAUD (Nr. 59) zu den bekannten noch einen vierten hypnotischen Zustand, die „Fascination", ausgezeichnet durch Tendenz zu Muskelcontractionen bei erhaltenem Bewusstsein und bleibender Erinnerung. — DESCOURTIS bezeichnet denselben Anfangszustand nur mit einem anderen Namen, nämlich als „captation" (vgl. Nr. 27). Er findet ausser den angeführten Zeichen noch: Steigerung des Pulses, deutliche Erweiterung der Pupillen, Anästhesie, Abulie, Imitations- und Befehlsautomatie, sowie eine Neigung zu Illusionen und Hallucinationen. Endlich benennt er die Uebergangsphase vom hypnotischen zum wachen Zustand — also auch jene Zeit, in der die unmittelbar nach dem Schlaf eintretenden Suggestionen realisirt werden, bis zu dem Augenblick, in dem der Zauber gebrochen wird, délire posthypnotique (vgl. 421). DESCOURTIS sagt darüber:

„Dieses wahre Delirium, welches den hypnotischen Massnahmen folgen kann, ist gekennzeichnet durch Bewusstlosigkeit, Automatismus der Person, wenn sie die suggerirte Handlung begeht. Sobald der Antrieb sich geltend macht, ist die Person von der Aussenwelt abgeschnitten; sie benimmt sich wie ein Geisteskranker, und zwar wie der schlimmste Kranke, der auf Grund impulsiver Erregungen das Opfer des entfesselten cerebralen Automatismus wird."

Aber auch zu ganz anderer Richtung wurden die an der Salpétrière angestellten Untersuchungen weitergeführt, und zwar durch die Aerzte in Bordeaux. CHARCOT nämlich behauptet (Nervenkrankh. S. 70) bei vielen Hysterischen eigenthümliche Punkte und Zonen, mehr oder minder gut begrenzte Stellen auf der Körperoberfläche, niemals aber an den Extremitäten gefunden zu haben, welche Sitz einer beständigen Empfindlichkeit seien. Die mechanische Reizung einer solchen Zone nun rufe Anfälle hervor, welche ebenso durch einen kräftigen auf solche Punkte ausgeübten Druck coupirt werden könnten. Professor PITRES und sein Schüler BLANC FONTEVILLE machten nun im Spitale von Bordeaux Erfahrungen hierüber, die nicht unwesentlich von denen der Pariser abwichen. Einmal fanden

sie diese hysterogenen oder von ihnen auch als lethargogene Zonen
bezeichneten Stellen ebenfalls an den Extremitäten; nach ihnen ruft
die Reizung derselben den lethargischen Zustand der „grande hypnose"
hervor; sie können auch an der hemianästhetischen Seite bei Hysterischen liegen. Eine tiefe Inspiration leitet den Schlafzustand ein.
Diese Stellen liegen häufig in der Gegend des Vertex und der Ovarien.
Steigerung des Druckes ruft successive andere Phasen und Aende-
rung desselben Stadiums hervor. So giebt es nach PITRES: Zones
hypnogènes simples, zones à effets incomplets, et zones à effets
successifs. Andrerseits entsprechen diesen lethargogenen besondere
als lethargolytische (lethargofrénatrices) bezeichnete Zonen, deren
Reizung aus dem Schlaf ins normale Verhalten zurückführt. Oft
liegen sie den lethargogenen symmetrisch gegenüber, oft freilich ist
ihre Lage unberechenbar. Hysterischen Convulsionen und Schreiparoxysmen kann durch Reizung der lethargogenen Zonen ein plötzliches Ende gemacht werden (vgl. Nr. 48, 67, 68, 83, 84, 106).

Ferner konnten PITRES und seine Anhänger sich von der Existenz einer neuromusculären Uebererregbarkeit und einer totalen Anästhesie im lethargischen Zustand nicht überzeugen. —

Endlich trat noch Dr. DESCUBES in Bordeaux mit einer Arbeit
über Hervorrufung von Contracturen bei Hysterischen im wachen
Zustand in Widerspruch mit der CHARCOT-Schule, welche ähnliches
nur in gewissen Stadien der Hypnose beobachtet hatte. Mechanische
Reize verschiedener Art (Haut- und Muskelreize, Berührung, Reiben,
Kitzeln, Kneten, Percutiren) riefen Contracturen zuerst einzelner
Muskelgruppen hervor, die sich aber auf die benachbarten Muskeln
fortsetzen und schliesslich über den ganzen Körper erstrecken können
(vgl. Nr. 80). Psychische Reize, wie „Suggestion impérative" und „Sug-
gestion par persuasion" haben den gleichen Erfolg. Aufhebung der
Starre ist durch Reiben, Faradisation u. s. w. möglich.

Weiter können wir die Ausläufer der CHARCOT-Schule nicht ver-
folgen, ohne von der zweiten wichtigsten Gegenströmung gegen die
neuropathologische Richtung an der Salpetrière Notiz zu nehmen.

Dieselbe ging von Nancy aus. Im Jahre 1866 veröffentlichte
ein hier ansässiger Arzt, Dr. LIÉBEAULT, ein Werk über Schlaf und
analoge Zustände und zeichnete darin durch die Betonung der „Suggestion" als Eintheilungsprincip bereits das Programm der späteren
Nancy-Schule vor. Leider blieb das Werk dieses verdienstvollen Forschers fast 20 Jahre lang unbekannt. Erst 1882 stellte DUMONT,
Professor der Medicin, der sich von der Realität der Phänomene bei

LIÉBEAULT überzeugt hatte, vor der medicinischen Gesellschaft in Nancy mit 4 Personen Versuche an und gab, obwohl dieselben nicht veröffentlicht sind, damit eine weitere Anregung. Als dann BERN-HEIM, Professor der internen Medicin, im Jahre 1884 durch eine Arbeit über die Suggestion in präciser Form die Gedanken BRAID's und LIÉBEAULT's weiter ausführte, wurde das Interesse in den weitesten Kreisen rege. Schon im folgenden Jahr trat der Professor der Rechte an der Universität Nancy, LIÉGEOIS, in die Untersuchung ein und verlas vor der Akademie der moralischen und politischen Wissenschaften sein Mémoire über die Beziehungen des Hypnotismus zum Civil- und Kriminalrecht; ihm folgte bald darauf BEAUNIS, Professor der Physiologie in Nancy mit einer physiologischen Studie über den Hypnotismus (vgl. Nr. 9, 18, 52, 53, 54, 55, 76, 91, 92, 93, 112, 113, 114, 126, 127, 128, 129, 115, 165, 166).

In folgenden Sätzen ist kurz das Programm der Nancy-Schule, welcher die genannten Forscher sämmtlich angehören, der Salpetrière gegenüber ausgesprochen (vgl. Rev. de l'hypnt. Jahrg. 1888, S. 322).

1. Niemals sind von den Aerzten in Nancy die 3 CHARCOT-Stadien beobachtet. Weder das Reiben des Vertex, noch die Application des Magneten waren von Erfolg begleitet. Hyperexcitabilität existirt nach ihnen nicht. Nur dann beobachtet man die genannten Wirkungen, wenn das Subject glaubt, sie zeigen zu müssen, oder dieselben bei anderen gesehen hat. Die Lethargie ist nur scheinbar; das Subject hört und hat Bewusstsein.

2. Mit „grande hysterie" behaftete Personen zeigen keinen anderen hypnotischen Zustand, wie eine normale Person, auch keine anderen somatischen Zeichen.

3. Die Hysterie ist ein ungünstiges Terrain für hypnotische Untersuchungen. Denn nervöse, hysteriforme Symptome, welche entweder dem Aufregungszustand der Patienten entsprechen, oder das Resultat von Autosuggestionen sein können, verdunkeln das Bild und führen einen ungeübten Experimentator irre. Es ist daher nöthig, zuvor die Hypnose zu reinigen von den sich nach der Individualität richtenden und deswegen veränderten Einfällen des Versuchsobjects.

4. Der hypnotische Zustand ist keine Neurose. Die ihn bildenden Phänomene sind natürlich und physiologisch, man kann sie bei vielen Subjecten im natürlichen Schlaf erhalten.

5. Weder ist die Hypnose eine Eigenthümlichkeit der neuropathisch Belasteten, noch ist sie bei solchen leichter zu erzielen.

So wurden in BERNHEIM's Krankensälen nach und nach alle
Kranken eingeschläfert von jedem Alter und Geschlecht und von
jedem Temperament, Rheumatiker, Tuberculöse, Emphysematiker,
Herzleidende, Dyspeptische u. s. w. Fast alle Tuberculösen schlafen
leicht.

6. Die Somnambulen sind nicht als reine Automaten dem Willen
des Hypnotiseurs unbedingt unterworfen, sie leisten auch Widerstand.

7. Bei allen Proceduren, die Hypnose zu erzeugen, ist die Suggestion das Wirksame.

Die behaupteten hypnogenen Zonen (PITRES in Bordeaux) existiren nicht oder nur durch Suggestion.

8. Die Suggestion ist der Schlüssel für alle hypnotischen Phänomene.

Nach BERNHEIM genügt es, um einen richtigen Begriff vom hypnotischen Zustand zu bekommen nicht, bei einigen Experimenten assi-
stirt oder auch selbst einige Personen hypnotisirt zu haben. Man
muss mit hunderten von neuen Subjecten experimentirt haben.
Ausserdem ist es nöthig, die Suggestion je nach der Individualität
zu handhaben. „Jeder Arzt, dem es nicht gelingt, 80 Proc. seiner
Patienten im Spital zu hypnotisiren, muss sich gestehen, dass er
noch keine genügende Erfahrung hat in dieser Frage, und sich hüten
vor übereiltem Urtheil." BERNHEIM giebt an, deswegen fast alle
Patienten in Nancy hypnotisiren zu können, weil er und seine Assistenten die Anwendung der Suggestion verstünden und weil sie im
Stande seien, die psychischen Charaktere zu erkennen, während
Personen, die nicht experimentirten, sie missachteten und anstatt
dessen körperliche Symptome suchten, welche nicht existiren.

Die Art und Weise, in welcher BERNHEIM den Schlaf herbeiführt,
ist folgende:

Er lässt den einzuschläfernden Patienten eine bequeme, zum
Schlafen geeignete Stellung einnehmen, nachdem er ihn über den
Zweck der Procedur beruhigt hat, und ersucht ihn, entweder seine
(BERNHEIM's) Augen zu fixiren, oder 2 über die Nasenwurzel gehaltene
Finger des Experimentators. Dann richtet er die Vorstellung der betreffenden Person auf den Eintritt des Schlafes. „Denken Sie an nichts,
als an das Schlafen; ihre Augenlider werden nun schwer, die Augen
ermüden, die Lider blinzeln, eine allgemeine Müdigkeit überkommt
den Körper, Arme und Beine werden gefühllos, das Auge thränt,
der Blick ist trübe; jetzt schliessen Sie die Augen, Sie können dieselben nicht mehr öffnen." — Manche Personen schlafen dann. Bei
anderen hat ein plötzliches befehlendes „Schlafen Sie" den gewünsch-

ten Erfolg, obwohl im Allgemeinen ein brüskes Vorgehen beim Einschlafen ebensowenig empfehlenswerth ist, wie beim Erwecken, weil man leicht dadurch Kopfweh erzeugt. In anderen Fällen legt Bernheim die Hand auf die Stirn, drückt die Augen zu und macht die gleiche Suggestion, wobei seine Stimme nach und nach leiser und ruhiger wird. — Das Fixiren spielt dabei eine Nebenrolle und kann, wie gesagt, fehlen. Striche (passes) bei geschlossenen Augen des Patienten mit der warmen Hand immer in der gleichen Richtung und in der Nähe des Körpers gemacht, führen auch zum gewünschten Ziel. Persönlichkeit und Wille des Operirenden haben im Grunde nichts mit dem Erfolg zu thun. — Das Erwecken geschieht durch den Befehl zu erwachen, durch Anblasen; in einzelnen Fällen soll Electricität nöthig geworden sein. Günstig für den Erfolg ist ein sicheres und entschiedenes Auftreten des Operirenden. Gegen seinen Willen kann Niemand eingeschläfert werden; daher ist die geistige Präoccupation auch in Fällen, in denen der Patient angeblich eingeschläfert werden will und sich den Bedingungen scheinbar fügt, das grösste Hinderniss für die Hypnose. Die Ueberzeugung, nicht eingeschläfert werden zu können — mag dieselbe bewusst oder unbewusst sein — ist das wirksamste Gegenmittel.

In einigen Fällen, in denen die Hervorrufung der Hypnose im wachen Zustand nicht gelang, führte Bernheim den normalen Schlaf durch entsprechende Suggestion in die Hypnose über. Seine Definition des hypnotischen Schlafes ist „Hervorrufung eines speciellen psychischen Zustandes, welcher die Suggestibilität vermehrt.“

Daher ist die Ansicht, als müsse die Hypnose immer mit aufgehobenem Bewusstsein und das Erwachen mit Amnesie verbunden sein — eine namentlich in Deutschland vielfach vertretene Meinung — ganz irrig.

Dementsprechend nun sind die Eintheilungen des hypnotischen Zustandes in verschiedene Grade von den Charcot-Stadien grundverschieden.

A) Liébeault unterscheidet 6 Grade, und zwar folgendermassen:

I. Grad. Somnolenz. Gefühl der Schwere in den Augenlidern, — Unvermögen die Lider zu öffnen (nicht immer vorhanden). Müdigkeitsgefühl. — Bewusstsein vollkommen erhalten.

Dieser Grad kommt am häufigsten vor, besonders beim weiblichen Geschlecht.

II. Grad. Suggestivkatalepsie — Hypotaxis — erhaltenes Bewusstsein.

Das erhobene Glied bleibt einige Secunden in einer gegebenen Stellung und fällt dann schwankend herunter. Die Finger behalten die gegebene Stellung nicht.

Die Lider sind geschlossen, die Glieder hängen schlaff herunter. — Verbindung mit der Aussenwelt vollkommen erhalten, ebenso Erinnerung nach dem Erwachen.

III. Grad. Drehautomatismus: Drehbewegungen der Arme werden automatisch fortgesetzt, wenn man dem Kranken versichert, er könne nicht anhalten.

Suggestivscontractur, herabgesetzte Sensibilität.

Die übrigen Zeichen wie bei Grad II. — Bewusstsein und Erinnerung erhalten.

Die meisten Patienten versichern, nicht geschlafen, dagegen die suggerirten Bewegungen dem Hypnotiseur zu Gefallen freiwillig ausgeführt zu haben.

IV. Grad. Alleinige Beziehung der schlafenden Person mit dem Hypnotiseur; Unempfänglichkeit für Eindrücke von anderen, — ausser auf besonderen Befehl des Operirenden.

Die übrigen Zeichen wie in Grad III. — Bewusstsein und Erinnerung erhalten.

V. Grad. Leichter Somnambulismus. — Herabgesetzte oder erloschene Sensibilität, Hallucinationen möglich. Bewusstsein getrübt. Erinnerung undeutlich.

Die übrigen Zeichen wie in Grad IV. — Suggestive Hallucinationen möglich.

VI. Grad. Tiefer Somnambulismus. — Bewusstsein erloschen — Völlige Amnesie nach dem Erwachen.

Die Symptome des V. Grades sind stärker ausgeprägt.

B) Eintheilung nach BERNHEIM in 9 Grade. (Ich folge hier der zweiten vor Kurzem erschienenen Auflage seines Werkes, welche sich hierin von der alten unterscheidet.)

a) Grad I—VI mit völliger Erinnerung nach dem Erwachen.

I. Grad. Suggestibilität für ganz bestimmte Acte, z. B. Erzeugung von Wärmegefühl in einer bestimmten Gegend des Körpers oder Aufhebung von Schmerzen — beides durch Suggestion.

Es besteht kein einziges der oben erwähnten Symptome, weder Katalepsie, noch das Unvermögen, die Augen zu öffnen. Die Patienten behaupten mit Bestimmtheit, nicht geschlafen zu haben.

II. Grad. Unvermögen, die Augen spontan zu öffnen, sonst die gleichen negativen Symptome.

III. Grad. Suggestivkatalepsie mit der Fähigkeit, sie willkürlich zu brechen. Sonst wie Grad II.

IV. Grad. Suggestivkatalepsie mit der Unfähigkeit, sie willkürlich zu brechen (ausser auf Suggestion). Automatische Drehbewegung oft vorhanden. Sonst wie Grad II.

V. Grad. Suggestivcontractur.

VI. Grad. Automatischer Gehorsam. Der Schlafende kann schwerfällig gehen. Unempfänglichkeit für Hallucinationen und Illusionen.

b) Grad VII—IX: Amnesie nach dem Erwachen oder Somnambulismus.

VII. Grad. Unmöglichkeit Hallucinationen zu erzeugen; aber die sämmtlichen Symptome der früheren Grade können vorhanden sein.

VIII. Grad. Empfänglichkeit für Hallucinationen in der Hypnose.

IX. Grad. Empfänglichkeit für hypnotische und posthypnotische Hallucinationen.

Mehr oder minder vollständige Analgesie kann sich in allen Graden zeigen, — häufiger ist sie im Somnambulismus.

In Bezug auf die Möglichkeit einer Simulation — eine Frage, die bei den leichteren Graden jeder Beobachter zuerst stellen wird, sagt BERNHEIM (S. 18):

„Zweifel existirt für gewisse Fälle; die Simulation ist möglich und sie ist leicht; es ist freilich noch leichter, an Simulation zu glauben, wenn sie nicht existirt. Gewisse Subjecte z. B. behalten ihre Augen geschlossen, so lange der Operateur sie beeinflusst. Sobald er sie nicht mehr anblickt, öffnen sie die Augen; und in einigen Fällen schliessen sie die Augen von neuem, sobald er sie wieder anblickt. Das hat ganz den Anschein einer Mystification. Die Assistenten vermuthen Betrug, sie lächeln mitleidig über die Leichtgläubigkeit des Operateurs. Nach ihrer Ansicht täuscht ihn die Versuchsperson offenbar oder sie ist ihm gefällig. Das passirt mir täglich mit meinen Schülern; ich zeige ihnen indess, dass das Subject mich ebensowenig täuscht, wie ich mich täusche. Ich versetze den Patienten

in den hypnotischen Zustand, rufe Katalepsie oder Contractur hervor, sug-
gerire die Unmöglichkeit, sie zu überwinden, und bitte ihn dann, mir doch
den Gefallen zu thun und die gegebene Stellung zu brechen.
Die meisten Patienten sind in dem guten Glauben, wenn der Arzt
fortgegangen ist, in Wirklichkeit nicht geschlafen, sondern nur den Anschein des Schlafes erweckt zu haben. Sie wissen immer nicht, dass sie
nicht simuliren können, dass die Gefälligkeit, die sie scheinbar freiwillig
dem Operateur erweisen, eine gezwungene ist, dass sie einer Willens-
schwächung unterworfen sind und dem Unvermögen, Widerstand zu leisten.
Viele indessen wissen, dass sie beeinflusst sind, sie haben das Bewusstsein geschlafen zu haben; aber sie haben ihre volle Erinnerung behalten."

Uebrigens ist BERNHEIM der Ansicht, dass eine wirkliche Amnesie meistens nicht existire. Nur sind die Patienten nicht im Stande,
sich spontan zu erinnern; dagegen kann man durch einfache Affirmation die Erinnerung bei ihnen wecken.

Was die Respiration und Herzthätigkeit in der Hypnose betrifft,
so findet BERNHEIM den Grund für Veränderungen z. B. für Steigerung des Pulses bei Eintritt der Hypnose nur in den hypnotischen
Proceduren, welche eine Erregung des Individuums verursachen wie
z. B. das angestrengte Fixiren eines Knopfes. Zur Muskelanstrengung des Auges kommt die geistige Concentration, welche namentlich mit grosser Erregung verbunden ist beim ersten Versuch.

BERNHEIM fand bei seiner beruhigenden Art einzuschläfern keine
Unterschiede; auch die sphychmographischen Curven vor und nach
Eintritt des Schlafes ergaben keinen Unterschied.

Dagegen ist es in gewissen seltenen Fällen möglich, durch Suggestion willkürlich die Herzthätigkeit des Hypnotisirten zu verändern.

Experimentelle Untersuchungen über diesen wichtigen Punkt wur-
den von dem Professor der Physiologie BEAUNIS in Nancy angestellt
(vgl. Nr. 52 u. 92). Zweck seiner Versuche war, die Echtheit der somnambulen Erscheinungen durch unsimulirbare Symptome nachzuweisen.
Deshalb bespricht er zunächst alle möglichen und bekannten
Methoden, auf den Puls einzuwirken, und giebt ein ausführliches
Referat über die bekannten Versuche von J. MÜLLER, E. F. WEBER,
WENDLING und TARCHANOFF, deren allgemeines Resultat folgendes ist:
Man kann durch Anhalten der Athmung (etwa ½ Minute lang)
bei In- oder Exspirationsstellung des Thorax und gleichzeitiger Compression durch die Exspirationsmuskeln eine Verlangsamung der Herz-
thätigkeit erzielen. Beschleunigung des Pulses ist möglich bei geistigen Erregungen, willkürliche Beschleunigung ist ein seltenes Vor-
kommniss bei gewissen Individuen; meist wird aber gleichzeitig die
Zahl und Tiefe der Athemzüge verändert. Eine willkürliche Ver-

langsamung ist ausser auf die mitgetheilte Art nicht möglich. Dieselbe ist aber BEAUNIS durch Suggestion in der Hypnose gelungen, und zwar ohne dass die Athmung sich dabei veränderte. In folgender Tabelle hat er die Resultate eines solchen Versuches zusammengestellt:

a) *Vor dem hypnotischen Schlaf.*

$$\left.\begin{array}{l} -\ 15,7 \\ -\ 15,7 \\ -\ 15,8 \\ -\ 17,0 \end{array}\right\}$$ Mittel der Pulsschläge:
für 10 Secunden = 16,
für 1 Minute = 96.

— Bewegungen der Hand.
— Bewegungen der Hand.

b) *Während des Schlafes.*

$$\left.\begin{array}{l} -\ 17,0 \\ -\ 16,0 \\ -\ 16,0 \\ -\ 16,0 \\ -\ 16,5 \\ -\ 16,6 \end{array}\right\}$$ Mittel für 10 Secunden = 16,4,
für 1 Minute = 98,4.

c) *Suggestion der Verlangsamung.*

$$\left.\begin{array}{l} -\ 15,5 \\ -\ 15,6 \\ -\ 15,5 \\ -\ 15,7 \\ -\ 15,8 \\ -\ 15,9 \\ -\ 14,8 \\ -\ 14,5 \end{array}\right\}$$ Mittel für 10 Secunden = 15,4,
für 1 Minute = 92,4.

d) *Rückkehr zur Norm.*

$$\left.\begin{array}{l} -\ 16,1 \\ -\ 16,8 \\ -\ 16,5 \\ -\ 17,8 \\ -\ 17,8 \end{array}\right\}$$ Mittel 17,0 für 10 Secunden,
für 1 Minute = 102.

e) *Suggestion der Beschleunigung.*

$$\left.\begin{array}{l} -\ 19,8 \\ -\ 19,8 \\ -\ 20,0 \\ -\ 19,0 \\ -\ 19,0 \\ -\ 18,0 \end{array}\right\}$$ Mittel für 10 Secunden = 19,2,
für die Minute = 115,2.

f) *Nach dem Erwachen.*

$$
\left.
\begin{array}{l}
- 17,8 \\
- 17,5 \\
- 17,8 \\
- 15,5 \\
- 16,6 \\
- 16,5 \\
- 16,0 \\
- 16,0
\end{array}
\right\}
\quad
\begin{array}{l}
\text{Mittel für 10 Secunden} = 16,7, \\
\text{für die Minute} = \mathbf{102}.
\end{array}
$$

Die Veränderungen in der Frequenz des Pulses traten u n m i t t e l -
b a r nach der Suggestion ein ohne irgend eine Aufregung des Versuchsobjects und ohne irgend eine Veränderung in der Respiration.
Die gleichzeitig aufgenommenen Sphychmogramme zeigen dem-
entsprechende Unterschiede, auf die wir hier nicht näher eingehen
können. Der Versuch wurde von BEAUNIS mit dem gleichen Resultat
bei anderen Somnambulen wiederholt. Der Physiologe zieht aus
diesen Untersuchungen den Schluss, dass der Wille der Versuchsperson der ihm gemachten Suggestion zufolge ebensowohl erregend
wie lähmend wirken könne auf das Hemmungscentrum der Herzthätigkeit und so im Stande sei, im ersten Fall eine Verlangsamung,
im zweiten eine Beschleunigung der Herzthätigkeit hervorzurufen.
     Die Beeinflussung der vegetativen Sphäre durch Suggestion,
welche durch die Nancy-Schule geradezu die Grundlage einer psychischen Heilmethode geworden ist, soll bei einzelnen Individuen in
so hohem Grade möglich sein, dass Erytheme, Blutungen, Blasen
u. s. w. an vorher bestimmten Stellen sich der Eingebung zufolge
bildeten. Die Bürgschaft für diese wiederholt beobachtete und dementsprechend in verschiedener Weise variirte Thatsache übernehmen:
BOURRU und BUROT (Professoren der Medicin in Rochefort), BERN-
HEIM, BEAUNIS, LIÉGEOIS (Professoren in Nancy), LIÉBEAULT, MABILLE,
FOCACHON, DUMONTPALLIER, RAMADIER u. s. w. — In D e u t s c h l a n d
erhielten gleiche Resultate Professor FOREL, Professor v. KRAFFT-
EBING, Docent Dr. JENDRASSIK u. A. (Vgl. Nr. 53, 81, 95, 338, 437,
439, 440.)
     Was nun die therapeutische Verwerthung der Suggestion betrifft,
so hat BERNHEIM nicht nur zuerst auf die wichtige Rolle derselben
sowohl im Schlaf, wie im wachen Zustand hingewiesen (auf dem
medicin. Congress zu Rouen 1884), sondern dieselbe auch in zahlreichen Fällen mit Erfolg methodisch angewendet. (Vgl. Nr. 53 u. 55.)
     Der grosse Einfluss des Willens und der Einbildungskraft bei
Krankheiten, insbesondere bei functionellen Störungen ist zwar über-

haupt durch die Aerzte von jeher anerkannt, niemals aber so systematisch für die Heilkunde ausgenutzt worden, wie gegenwärtig durch die Nancy-Schule. So z. B. beobachtete Joffroy (medic. Jahrb. 1876 Bd. 172 S. 182) Fälle von Spinallähmung, in denen die degenerirten Muskeln nach vergeblicher Anwendung der Elektricität allein durch den Einfluss des Willens zur Contraction veranlasst wurden. — Ferner berichtet Professor Jolly (Nr. 12) in einer Arbeit, welche auf den Willen als moralische Kraft und Heilmittel bei Epidemien und Kriegszeiten hinweist, von einem Epileptiker im Spital St. Louis, dass er seine Anfälle willkürlich coupiren konnte. Aehnliches findet man bei Boerhave, Briquet, Cruveilhier u. a.

Indem ich die von Bernheim ebenso eingebend untersuchten und für die gerichtliche Medicin wichtigen „retroactiven Suggestionen" und die „Suggestionen à longue échéance" hier übergehe, will ich nur noch hervorheben, dass der grosse Procentsatz hypnotisirbarer Personen den Aerzten in Nancy die rationelle Durchführung ihrer Heilmethode ermöglicht — im Gegensatz zu den Beobachtungen an der Salpétrière. — Liébeault konnte 1880 von 1014 Personen nur 27 nicht beeinflussen. 80—90 Proc. aller Menschen sind nach Bernheim hypnotisirbar. Dagegen treten in der Mehrzahl der Fälle nur die oben erwähnten leichten Grade ein; etwa jede 6. Person verfällt in Somnambulismus — aber auch das oft erst nach wiederholten Versuchen. Nach Liébeault ist der 5. und 6. Grad nur bei 15 Proc. zu erzielen; nichtsdestoweniger sollen die leichten Grade für die therapeutische Suggestion ebenso günstig sein, wie die tiefen. Fontan und Ségard (Nr. 141) behaupten sogar, die leichteren Grade seien noch günstiger für die Therapie, wie die tieferen, und sie finden die Suggestion im 2. Grade (nach Liébeault's Eintheilung), in dem Willkürbewegungen nicht mehr möglich sind, am günstigsten. Die Leiden nun, bei denen schon 1866 von Liébeault die psychische Heilmethode mit Erfolg angewendet wurde, sind folgende nach der Eintheilung des Verfassers (vgl. Nr. 9):

1. Leiden, welche durch eine mangelnde Innervation bedingt sind: Stummheit, Hemeralopie u. s. w.

2. Ueberreizungszustände der Nerven: Cephalgie, Migräne, Neuralgien u. s. w.

3. Krankhafte Zustände, welche ein Analogon mit dem Schlaf bieten: Idiotie, Hysterokatalepsie, epileptiforme und puerperale Convulsionen u. s. w.

4. Erkrankungen der Bewegungsorgane und der zugehörigen Nerven: Nervöses Erbrechen, Chorea u. s. w.

5. Verschiedene ständige oder vorübergehende Leiden wie:
Anämie, Hämorrhagie, Menstruationsanomalien, Constipation, leichte
Fieberzustände, Diarrhoe u. s. w.

20 Jahre nach dem Erscheinen dieses Berichtes, also 1886, theilt
LIÉBEAULT die Erfolge mit, die er bei im Ganzen 77 Fällen von
Incontinentia urinae erhielt. Das durch Suggestion erzielte Resultat
ist folgendes:

23 gänzliche Heilungen, kurze Behandlung, ohne Rückfall.
23 Heilungen nach längerer Behandlung, auch ohne Rückfall.
10 vorübergehende Heilungen mit Recidiven.
9 Besserungen.
8 Missverfolge (ungeheilt, aber Hypnose möglich).
4 Hypnose je nur einmal gelungen.

Geheilt und gebessert wurden also zusammen von 77 Personen
65, ungeheilt blieben 12 (vgl. Nr. 113).

Welche Leiden nun einer suggestiven Behandlung am zugäng-
lichsten sind, ersieht man aus folgenden nach BERNHEIM (2. Auflage)
zusammengestellten Zahlen. BERNHEIM behandelte durch Suggestion:

I. Organische Erkrankungen des Nervensystems (Apoplexien,
apoplectiforme Anfälle, traumatische Epilepsie, Myelitis diffusa u. s. w.).
10 Fälle, darunter
7 Heilungen,
2 Besserungen,
1 Misserfolg.

II. Hysterische Affectionen.
17 Fälle:
16 Heilungen,
1 Misserfolg.

III. Neuropathische Affectionen (nervöse Aphonie, Neuralgien, Schlaf-, Appetitlosigkeit u. s. w.).
18 Fälle:
16 Heilungen,
1 Besserung,
1 unvollkommene Heilung.

IV. Neurosen (Chorea, Schreibkrampf u. s. w.).
15 Fälle:
10 Heilungen,
4 theilweise Heilungen,
1 vorübergehende Heilung.

V. Dynamische Paresen und Paralysen.
3 Fälle:
3 Heilungen.

VI. Gastrointestinalaffectionen (Gastritis, Erbrechen u. s. w..
   4 Fälle:
      1 Heilung,
      3 Besserungen.

VII. Dolores verschiedener Art.
   12 Fälle:
      11 Heilungen,
      1 theilweise Heilung.

VIII. Rheumatoide Affectionen (der Gelenke und Muskeln).
   19 Fälle:
      15 Heilungen,
      3 gradweise Heilungen,
      1 Besserung ohne Heilung,
      1 starke Besserung.

IX. Neuralgien (im Facialis- und Trigeminusgebiet).
   5 Fälle:
      3 gänzliche Heilungen,
      1 graduelle Heilung,
      1 fast vollständige Heilung.

X. Menstruationsanomalien.
   2 Fälle, beide mit Erfolg behandelt.

Im Ganzen wurden:
   105 Patienten hypnotisch behandelt.
   82 davon als geheilt,
   19 als gebessert entlassen.
   4 blieben ungebessert.

Die Arbeiten nun der Professoren in Nancy, die wir in ihren
wichtigsten Punkten kennen gelernt haben, riefen in der medici-
schen Welt Frankreichs eine starke Reaction hervor. Die Contro-
verse zwischen CHARCOT und BERNHEIM wurde immer lebhafter;
zwei Fachjournale[1]) für Hypnotismus entstanden, in denen sich die
Parteien bekämpfen, und die psychische Heilmethode gewinnt wenigstens in Frankreich immer zahlreichere Anhänger, deren überwie-
gende Mehrzahl sich BERNHEIM anschliesst oder eine vermittelnde
Stellung einnimmt. — Heute ist es unverkennbar, dass die Vertreter
der CHARCOT-Schule, die ihren Standpunkt nach wie vor aufrecht
erhält, bereits numerisch sehr abgenommen haben.

---

1) Die Journale sind: 1. die Revue l'Hypnotisme, experimental et thera-
peutique, Paris und 2. die Revue des sciences hypnotiques, Paris. — Letztere
ist am 1. Januar 1888 wieder eingegangen.

Somit sind erklärlicherweise die meisten literarischen Arbeiten neuerer Zeit auf hypnotischem Gebiet der Suggestivtherapie gewidmet.

Bald nach dem Erscheinen der BERNHEIM'schen Arbeiten im Jahre 1884 theilten BOTHEY, VOISIN, FÉRÉ (Nr. 58, 63, 74) Heilungen von Paralysen, Aphonie allerdings nur bei Hysterischen mit. Gleichzeitig begann BOTHEY seine hypnotischen Versuche mit gesunden Personen (Nr. 57). Im folgenden Jahre (1885) wurden günstige therapeutische Resultate mit Hypnotismus bei Geisteskranken von SÉGLAS (Paris) veröffentlicht (Nr. 86). Er beseitigt Wahnideen, Hallucinationen, Sinnestäuschungen, Contracturen u. s. w., und bringt durch äusserst vorsichtige Behandlung und lange Ausdauer einen Patienten dahin, dass derselbe der Suggestion im wachen Zustand auch zugänglich wird und die Einschläferung nur mehr in Ausnahmefällen nöthig ist (z. B. bei drohenden Anfällen). — PARANT (Toulouse) und CULLERE (Paris) machen ebenfalls die therapeutische Verwerthung der Suggestion zum Gegenstande ihrer Studien, letzterer ihre Wichtigkeit durch Fälle aus der Praxis erläuternd. (Vgl. Nr. 78, 82.)

Die Versuche an Geisteskranken wurden im Jahre 1886 mit Erfolg fortgesetzt von DUFOUR (Grenoble), PONS (Marseille; Nr. 104, 117), besonders aber von A. VOISIN in Paris, welcher mit gleichem Erfolg sich des neuen Mittels bei Nervenleiden und noch nicht zu weit vorgeschrittenen Psychosen bediente. — Die Versuche dieses Forschers sind insofern lehrreich, als derselbe die grösste Geduld zeigte bei der so schwierigen Einschläferung Geisteskranker, die von ihm bei einigen Patienten allein einen Zeitaufwand von 2—3 Stunden erforderte (Nr. 157). — Die Berichte VOISIN's, welche nun schon seit mehreren Jahren in gewissen Zwischenräumen erscheinen (der letzte im Juni 1888 in der Revue de l'hypnotisme), handeln über mehr oder minder gelungene, meist aber günstige Resultate bei Hysteroepileptischen (Unterdrückung der Anfälle), bei Morphinomanen, Alkoholikern, bei Onanie, Wahnideen, Melancholie, Sinnestäuschungen, Delirien u. s. w. (Nr. 156—163, 173). Die meisten Mittheilungen aus dem Jahre 1886 behandeln die Anwendung des hypnotischen Verfahrens bei Neurosen. So heilten DEBOVE (Nr. 100) Erbrechen und Constipation, DUCHAND-DORIS (Paris) hysterische Hemiplegie (Nr. 102) und BIDON (Marseille; vgl. Nr. 96) und BENGUIES-CORBEAU (Paris; vgl. Nr. 94) viele Neurosen; letzterer wendete mit Erfolg die Suggestion im Wachen an und machte allein durch Furcht vor Morphiuminjectionen, Contracturen, Cardialgie, und Constipation auf hysterischer Basis verschwinden. BEZANÇON (Nr. 95) erzeugt Diarrhoe durch Eingebung.

Aehnliche Erfolge sind von DEPLATS (Lille), AUTHENAC, CONTOURIER und FOURNIER mit allgemeineren Bemerkungen über die neue Heilmethode gleichzeitig veröffentlicht (Nr. 57, 97, 101, 107). — GRASSET (Paris) dagegen warnt in verständiger Weise vor zu enthusiastischer Ausbeutung des Hypnotismus und hebt hervor, dass man wohl die Symptome, nicht aber das Grundleiden beseitigen könne (z. B. bei Hysterie; Nr. 109). Auch die Simulationsfrage erhält einen Beitrag durch den interessanten Essai von BERGSON über unbewusste Simulation in der Hypnose (Nr. 90). Für chirurgische Zwecke wurde der Hypnotismus versuchsweise und angeblich mit Erfolg angewendet von MABILLE und RAMADIER (1885), von GRANDECHAMPS, GUINON und PITRES (1886).

Zu den wichtigeren Arbeiten des Jahres 1886 gehört zweifellos die Studie von BARTH (Nr. 89) über künstliche Schlafzustände; sie ist eine natürliche Fortsetzung des Werkes von LASÈGUE. Der Autor untersucht ätiologisch und analytisch die verschiedenen spontan vorkommenden, natürlichen und krankhaften Schlafformen im Vergleich mit den künstlich durch Narcotica und hypnotische Proceduren erzeugten Arten des Schlafes und behandelt die therapeutische Application derselben (Nr. 88).

Gewissermassen als Anleitung zur hypnotischen Therapie lässt sich das Compendium der Professoren FONTAN und SÉGARD (Toulon) betitelt „Elemente der Suggestiv-Medicin" betrachten (erschienen 1887), eine Arbeit, welche neben dem Buche BERNHEIM's zu den bedeutendsten Leistungen auf hypnotischem Gebiet gehört. Der Standpunkt der Verfasser ist ein vermittelnder; sie wollen in einigen ganz seltenen Fällen das Vorkommen der CHARCOT-Stadien beobachtet haben. Für sie ist die Hypnose eine momentane artificielle Neurose, welche in sich selbst ihr Correctiv, ihr Heilmittel trägt: die Suggestion (Nr. 141. S. 9). Nach ihnen ist der natürliche Schlaf Ruhe, die Hypnose dagegen eine Anstrengung für den Patienten; ausserdem nehmen sie BERNHEIM gegenüber den Standpunkt ein, dass es physische Charaktere des hypnotischen Zustandes geben müsse, deren Kenntniss für den Kliniker von differential-diagnostischer Bedeutung sei. Ein solches physisches, der Hypnose eigenthümliches Phänomen erblicken sie in dem Spasmus oculopalpebralis und in dem Tremor der Lider; damit sei oft verbunden Beschleunigung der Respiration, eine Pulsdifferenz von 2—10 Schlägen; ausserdem bestehe nach dem Erwachen oft eine Eingenommenheit des Kopfes, in einigen Fällen sogar Kopfschmerz. — Auch beobachteten sie Röthung des Gesichts und Schweissausbruch auf der Stirn (S. 9). — Besonders instructiv sind

die Vorschriften der Verfasser über den Modus faciendi, über Einschläferung und methodische Anwendung der Einwirkungen. Sie
verordnen die Suggestion je nach der individuellen Beschaffenheit
des Patienten, und seinem Leiden entsprechend in Maximal- und
Minimaldosen, und unterscheiden nützliche, nothwendige und
gefährliche Dosen, je nach der Intensität und Art der Eingebung.
Tiefe und Höhe der Stimme, langsames und schnelles Sprechen, Betonung, Wahl und Formulirung der Worte, kurz viele scheinbar un-
wesentliche Factoren müssen in der vorgeschriebenen Art angewendet,
ähnlich dem Arzte zum Erfolg verhelfen, wie dem Rhetor oder Schau-
spieler die vollkommene Beherrschung seiner Mimik und Gesten den
Sieg erringt. Die äusseren Bedingungen, unter denen man die Einschläferung vornimmt, die Miene, die Sicherheit, welche der Arzt
zur Schau trägt, Vermeidung überflüssiger Worte, die Form der Eingebung, ob als freundliche Aufforderung und Bitte, oder als Ueber-
redung (z. B. im wachen Zustand) oder ob im befehlenden und bestimmten Ton gehalten, die Abwechslung bei Wiederholung der Einwirkung, kurz jede Bewegung und jedes Wort im ganzen Auftreten
sollen mit Vorsicht und Ueberlegung gehandhabt werden. Wesentlich
dem Umstande, dass die Verfasser die Anwendung der Suggestion
auf die Höhe einer Kunst erheben, welche ebensoviel Studium und
Uebung verlangt, wie jede andere, haben sie die grosse Anzahl ihrer
Erfolge zu danken. Zur Erläuterung ihres Verfahrens werden 93
Krankengeschichten mitgetheilt.

FONTAN und SÉGARD wendeten das Suggestivverfahren bei folgenden Krankheiten an: bei

1. Organischen Leiden des Nervensystems (Apoplexie mit folgender Hemiplegie, Myelitis, Meningitis u. s. w.).
    6 Fälle:
       2 Heilungen,
       3 Besserungen,
       1 lethaler Ausgang.

2. Constitutionellen Neurosen (Hysterie, Epilepsie u. s. w.).
    7 Fälle:
       3 Heilungen,
       4 Besserungen.

3. Psychosen (Alkoholismus, hysterische Folie, Delirium, Schwach-
sinn).
    5 Fälle:
       1 Heilung,
       4 Besserungen.

4. Neuropathischen Störungen (Palpitation, Schlaflosigkeit u. s. w.).
8 Fälle:
4 Heilungen,
4 Besserungen.

5. Neuralgien (z. B. des Trigeminus u. s. w.).
14 Fälle:
10 Heilungen,
4 Besserungen.

6. Nervösen Störungen der Muskeln und Secretionsorgane (Hepatitis, Rheumatismus, Arthritis, Gastrointestinalaffectionen u. s. w.).
21 Fälle:
12 Heilungen,
8 Besserungen,
1 Misserfolg.

7. Chirurgischen Krankheiten (Phlegmone, Contusionen, Urethritis, Otitis u. s. w.).
21 Fälle:
8 Heilungen,
12 Besserungen,
1 Misserfolg.

8. Fieberhaften Zuständen (Intermittens, Rheumat. art. acut. u. s. w.).
4 Fälle:
2 Heilungen,
1 Besserung,
1 Misserfolg.

9. Chlorose und Menstruationsstörungen.
3 Fälle:
2 Heilungen,
1 Besserung.

10. Anästhesie für chirurgische Zwecke.
4 Fälle:
2 Erfolge,
2 Misserfolge.

Im Ganzen wurden von 93 behandelten Personen
44 als geheilt entlassen,
43 als gebessert.
1 Person starb und in
5 Fällen war das Verfahren erfolglos.

Das Jahr 1887 brachte in Frankreich ausser der besprochenen Arbeit zahlreiche neue Erfolge der Suggestiv-Therapie. Am 29. Sept. berichtete BERNHEIM in einem Vortrage vor der Association française

pour l'avançement des sciences über günstige Resultate seines Verfahrens bei Menstruationsanomalien. In der Discussion wurde seine
Mittheilung durch Erfahrungen anderer mit ebenso günstigem Resultat
bestätigt, so durch BÉRILLON, CERTES, DÈCLE, BUROT, GRASSET
u. s. w. (vgl. Revue de l'hypn. 1887). — Die Berichte über Heilerfolge bei Psychosen werden in diesem Jahr von PONS (Marseille) und
BRÉMAUD (Paris), A. VOISIN u. s. w. durch neue Publicationen ergänzt (Nr. 131, 152). — Die Domaine der Suggestivtherapie jedoch
ist wiederum recht eigentlich das weite Gebiet der Neurosen. MIALET
und JULES VOISIN beseitigen unstillbares Erbrechen durch Eingebung
(Nr. 148, 175). Von Prof. CHARCOT, Prof. PETER, Prof. LUYS, Prof.
BUROT, von SOLLIER, GRASSET, BROUSSE und ANDRIEU werden hysterische Affectionen (Anfälle, Paraplegien, Aphonien, Contracturen
u. s. w.) mit günstigem Resultat behandelt (Nr. 121, 122, 133, 135,
136, 139, 146, 150, 155). BÉRILLON heilt fehlerhafte Angewohn-
heiten, welche seit 10 Jahren bestehen (Nr. 125), und PINEL einen
Fall von Hydrophobie (Nr. 151). Bei chronischem Tetanus will
MARESTRANG (Paris) eine günstige Wirkung gesehen haben (Nr. 147).
— ROUBINOWITSCH, ROUSSEAU, BUROT und DAVID beobachteten Besserungen und Heilungen bei Gesichtsschmerz, Migräne u. a. Neurosen
(Nr. 134, 137, 153, 154). LANOAILLE und LACHÈSE (Nr. 143) versuchten
die Anwendung des Hypnotismus in einem Fall von Tuberculose der
Lungen. — Bei gewissen Augenleiden erzielte Prof. FONTAN auffallend
günstige Wirkungen (Nr. 140). AUVARD, VARNIER, MESNET und DUMONT-
PALLIER führten den Hypnotismus mit wechselndem Erfolge in die Geburtshülfe ein. Vor den Gefahren bei Anwendung der Hypnose warnt
LARROQUE (Nr. 144); er beobachtete das Zurückbleiben von Contracturen. — Gegen die Laienhypnose als Quelle zahlreicher Gesund-
heitsschädigungen wendet sich mit gutem Recht ANDRIEU (Nr. 123).
Auch die bis jetzt vorliegenden Publicationen des Jahres 1888
behandeln der Mehrzahl nach Heilerfolge, wiederum hauptsächlich
bei Nervenleiden, so diejenigen von RIBAUX, BOTTEY, GROS, AUVARD,
SECHEYRON, JULES VOISIN und vielen anderen (Nr. 164, 167, 168, 171,
169, 175). Die von LIÉGEOIS angeregte Frage der Beziehungen des
Hypnotismus zum Civil- und Kriminalrecht wurde in den Jahren
1884—1888 Gegenstand lebhafter Erörterung. Die hervorragendsten
französischen Autoren, welche als Vertreter des medico-legalen Standpunktes daran theilnahmen, sind CHARCOT, BROUARDEL, MESNET und
GILLES DE LA TOURETTE.
An dieser Stelle, gewissermassen als Abschluss des Ueberblicks
über die Leistungen der Franzosen auf hypnotischem Gebiet möge eine

Abhandlung Erwähnung finden, welche nur der Sprache nach zur französischen Literatur gehört, aber für die Suggestiv-Therapie ganz neue Gesichtspunkte eröffnet. Professor Dr. Rifat nämlich bespricht in einem vor der medicinischen Gesellschaft in Saloniki (Macedonien) gehaltenen Vortrag die neueren hypnotischen Erfahrungen und hebt hervor, dass der Hypnose als solcher keine besonderen Merkmale zukommen, welche im natürlichen oder irgendwie erzeugten künstlichen Schlaf sich nicht auch finden. Nach ihm existiren die drei Charcot-Stadien allerdings, aber sie sind kein Characteristicum des hypnotischen Zustandes, da sie sich bei dem betreffenden Individuum in jedem Schlafzustand, wodurch er auch hervorgerufen sein möge, wiederfinden. — So beobachtete er im natürlichen Schlaf, in der Hypnose ebenso wie in der Chloroformnarkose bei demselben Individuum Muskelrigidität, Katalepsie, verlangsamte Respiration u. s. w. — Für ihn hat die Suggestion den gleichen Erfolg bei jeder Art des Schlafes. Rifat betont die Wichtigkeit des prolongirten Schlafes als Heilmittel, auch ohne Suggestion, und will Contracturen, Gastralgie, nervöses Erbrechen, in der gleichen Weise durch Narcotica, wie durch Hypnose, mit Hülfe der Suggestion beseitigt oder gebessert haben (vgl. Nr. 172). — Von den wenigen Fällen, womit er seine Behauptung begründet, möge hier folgender mitgetheilt werden:

„Chefika Hanoum leidet an unstillbarem Erbrechen. Nachdem sie durch Chloral eingeschläfert ist, wird ihr befohlen, 10 Stunden zu schlafen; die Patientin schläft 10 Stunden und bricht während dieser Zeit nicht."

Im Uebrigen schliesst sich der Verfasser an die mehrfach erwähnten Beobachtungen von Lasègue an und sein Schlussrésumé besteht in folgenden 3 Thesen:

1. Der Hypnotismus ist ein Verhinderungsact, welcher die völlige Unterdrückung oder eine Trägheit der freiwilligen Coordination herbeiführt.

2. Welches auch die Ursache für einen solchen speciellen Gehirnzustand sein mag, man sieht überall (bei anderen Arten des Schlafes) dieselben Phänomene sich entwickeln, die als ausschliessliches Attribut der Hypnose betrachtet werden.

3. Hypnose, Narkose und natürlicher Schlaf sind im Grunde dieselben Erscheinungen.

Kritische Bemerkungen.

Im Anschluss an vorstehendes Referat mögen hier einige allgemeinere Bemerkungen Platz finden, welche sich aus dem vergleichenden Ueberblick über Frankreichs hypnotische Literatur ergeben.

CHARCOT und seine Schüler, sowie seine Vorläufer haben unzweifelhaft das grosse Verdienst, die vom Publikum mit dem Schleier des
Geheimnissvollen umgebenen hypnotischen Phänomene vor das Forum
nüchterner wissenschaftlicher Untersuchung und Analysirung gezogen,
und damit den allgemeineren Anstoss zur Beschäftigung mit dieser
bisher verpönten Materie gegeben zu haben.

Auch selbst dann, wenn alle an der Salpétrière gefundenen Einzel-
thatsachen als irrig nachgewiesen werden, bleibt der Standpunkt
dieser Schule, von dem aus die hypnotischen Erscheinungen untersucht wurden, der einzig maassgebende. Dieser Standpunkt wird
charakterisirt durch folgende 3 Regeln:

1. Schutz gegen Simulation.
2. Methodische Classificirung der Symptome.
3. Definition der Gesetze.

Dagegen können die übrigen Lehren CHARCOT's, besonders diejenige von den 3 Stadien, niemals allgemeinere Giltigkeit haben,
selbst auch dann nicht, wenn alle Beobachtungen an der Salpétrière
sich als richtig erweisen; denn die 12 Hysterischen, mit denen man
dort 10 Jahre lang experimentirt hat, können allein keinen Maassstab abgeben für die Feststellung irgend welcher allgemein geltender
Gesetze. Das Vorkommen der CHARCOT-Stadien in gewissen seltenen
Fällen von „grande hysterie" kann nach den unter ganz verschiedenen Bedingungen mit Ausschluss der Suggestion angestellten Nachprüfungen nicht wohl bezweifelt werden. Indess wurde bei nur
wenigen Personen der von RICHER beschriebene Symptomencomplex
o h n e Abweichung gefunden; die meisten jener Fälle zeigen nur den
allgemeinen Grundtypus, der die Stadien charakterisirt. — So fand
auch Verfasser dieser Zeilen unter zahlreichen von ihm hypnotisirten
Personen nur zwei, die das Bild der CHARCOT-Phasen allerdings nur
unvollkommen darboten. — Der Unterschied zwischen den spontan
auch im wachen Zustand sich findenden Zeichen, welche wohl zum
Theil als das Resultat von Autosuggestionen, je nach der Individualität der Hysterischen, betrachtet werden können, und den durch
die Hypnotisirung künstlich erzeugten Symptomen, wurde von der
CHARCOT-Schule nicht genügend berücksichtigt; dazu mag dann noch
die unbewusste Suggestion des Experimentirenden die hypnotische
Erziehung der Hysterischen für die klinische Demonstration vollendet
haben. — Uebrigens gesteht CHARCOT selbst seinen Collegen FONTAN
und SÉGARD gegenüber in einer Akademiesitzung ein, dass er sich
bis jetzt noch nicht ihre Methode so anzueignen wusste, um therapeutisch dieselben Erfolge zu erzielen (Revue de l'hypn. 1888. S. 281).

Die neuerdings in Mailand von ihm angestellten Beobachtungen an Hypnotisirten (vgl. Rev. de l'hypn. 1888. S. 378) sprechen dafür, dass dieser hervorragende Neuropathologe nun auch seine Aufmerksamkeit den leichteren Stadien der Hypnose bei nicht hysterisch veranlagten Personen zuwenden wird.

In den Versuchen der Schüler CHARCOT's, nämlich bei BINÉ, FÉRÉ, DUMONTPALLIER, scheint die Subjectivität der Experimentirenden eine noch grössere Rolle gespielt zu haben. Da über ihre Feststellungen, die übrigens mehr ins psychologische Gebiet gehören, bereits eine eingehende Kritik (von Dr. ARMAND HUCKEL) vorliegt, auf die ich bei der deutschen Literatur zurückkomme, so wird hier nicht näher darauf eingegangen. Wenn sich nun auch Symptome wie Hemianästhesie, lethargogene Zonen u. s. w. leicht durch Suggestion erzeugen lassen, so ist damit noch längst nicht der Beweis erbracht, dass ihre Ursache stets die Suggestion sein muss, ebensowenig wie man aus den suggestiv erzeugten Brandblasen folgern kann, dass alle Brandblasen das Resultat von Suggestionen sind.

Die eigentlich moderne Richtung ist zweifelsohne von der physikalischen zur psychischen Methode übergegangen. Es ist unbestreitbar das Verdienst LIÉBEAULT's und BERNHEIM's, die Wichtigkeit der Suggestion in richtiger Weise betont und die Anwendung des Hypnotismus durch genaues Studium der leichteren Grade ausserordentlich verallgemeinert und erleichtert zu haben. Wenn nun auch die Suggestion bei Hervorrufung hypnotischer Zustände eine grosse Rolle spielt, so ist doch darin, entgegen der BERNHEIM'schen Lehre, nicht die einzige Ursache für die Hypnose zu sehen. Die Erfahrung lehrt, dass die technischen Proceduren andere und tiefere Hypnosen und eine stärkere körperliche Reaction hervorrufen, wogegen die psychische Methode ohne Hülfsmittel angewendet im Anfang nur leichtere Grade ohne besondere somatische Zeichen erzielt. Die Art der Hypnose ist demnach von den Mitteln der Hervorrufung abhängig, in besonders hohem Grade bei Hysterischen. Die physischen Merkmale sind nicht alle, wie BERNHEIM behauptet, psychischen Ursprungs, sondern in vielen Fällen als einfache Reflexwirkungen zu betrachten. Wenn z. B. durch angestrengte Fixation Conjunctivitis und Thränenabsonderung erzeugt wird, so ist doch die Ueberanstrengung des Auges die Ursache, und nicht eine Suggestion. A. VOISIN, dem es gelang, durch lange andauernde monotone Sinnesreize widerwillige Geisteskranke zwangsweise zu hypnotisiren, widerlegt klar die BERNHEIM'sche Ansicht. Ueberdies bedient BERNHEIM sich ja selbst solcher Hülfsmittel, z. B. der Fixation seiner Finger und seines Auges, und zeigt selbst damit deutlich diese schwache Seite seiner Suggestionslehre.

Die Simulation nun bei den leichteren hypnotischen Graden der Nancy-Schule ist offenbar die Achillesferse ihres Systems. Es ist zwar nicht anzunehmen, dass die sämmtlichen Patienten, denen doch vor allem ihre Genesung am Herzen liegt, nach demselben Schema simuliren; aber im einzelnen Fall dürfte der Gegenbeweis schwer zu erbringen sein. Das von BERNHEIM empfohlene Hervorrufen von Contracturen gelingt durchaus nicht bei jedem Patienten, besonders nicht bei erstmaliger leichter Hypnose; die von BEAUNIS nachgewiesene Pulsverlangsamung auf Suggestion würde allerdings zum Beweise genügen; allein dieses Verfahren ist nur bei verhältnissmässig sehr wenigen Individuen vom gewünschten Erfolg begleitet.

Was nun die mitgetheilten Krankengeschichten betrifft, so sind allerdings, wenn man die Richtigkeit der Diagnosen voraussetzt, die Erfolge bei organischen Störungen des Nervensystems am auffallendsten. Bei mehreren unter Dolores, Neuralgien und Neurosen erwähnten Fällen, z. B. bei Aphonie dürfte die Frage berechtigt sein, ob nicht doch eine hysterische Basis vorhanden war.

Doch wie dem auch sei, immerhin ist die Untersuchung des so schwierig zu erforschenden und so leicht zu Trugschlüssen verführenden Gebietes der hypnotischen Erscheinungen durch die Professoren in Nancy um ein Bedeutendes gefördert worden.

Noch merkwürdiger, wie die BERNHEIM'schen Resultate, klingen diejenigen von FONTAN und SÉGARD (Toulon; vgl. Nr. 141). Ohne die Glaubwürdigkeit der Autoren in Zweifel ziehen zu wollen, drängt sich doch die Frage auf, ob nicht die Behandlung begleitender Symptome in einigen Fällen hier Scheinheilungen erzielte, oder ob nicht etwa diagnostische Irrthümer[1]) vorliegen. Da die Genauigkeit der Mittheilungen an einigen Stellen zu wünschen übrig lässt, so dürfte eine Zurückhaltung des Urtheils, besonders in Bezug auf die Erfolge bei „Meningitis tuberculosa" und „Diabetes" wohl berechtigt sein. Dagegen entspricht der allgemeine Standpunkt der Verfasser dem Hypnotismus gegenüber vollkommen den heutigen Erfahrungen; und ihre Anleitung für die Suggestivtherapie ist jedenfalls noch lehrreicher und auch feiner durchgeführt, wie diejenige BERNHEIM's. Wir glauben, wie FONTAN und SÉGARD, den hypnotischen Zustand, und das gilt besonders von den tieferen und tech-

---

1) Besonders wird im Progrès médical auf die Unzuverlässigkeit der Diagnosen der Verfasser hingewiesen.

nisch erzeugten Graden, also dem Somnambulismus BERNHEIM's und den 3 Phasen CHARCOT's, als eine artificielle Neurose auffassen zu müssen, deren häufige, besonders technische Erzeugung wesentliche Gefahren in sich schliesst, nämlich Steigerung des Automatismus und Neigung zu spontanem Somnambulismus in den Versuchsobjecten. Für psycho-physiologische Untersuchungen werden allerdings diese tieferen Stadien unentbehrlich sein; für die therapeutischen Proceduren hingegen genügen im Allgemeinen leichtere Grade, die, wegen des vollkommen erhaltenen Bewusstseins der Patienten, fast als gefahrlos betrachtet werden dürfen und sich für die allgemeinere Anwendung empfehlen, zumal auch die Simulation doch nur in Ausnahmefällen in Betracht kommen kann.

Die rapiden Fortschritte des Hypnotismus in Frankreich zeigen das in der Weltgeschichte oft beobachtete Schauspiel; neue Ideen und neue Anschauungen, das gilt ebensowohl von manchen Zweigen der Wissenschaft, wie der Kunst und Industrie, werden zuerst von unseren lebhaften Nachbarn jenseits des Rheins mit der ihnen eignen Initiative und Begeisterung aufgenommen und nach den verschiedensten Richtungen hin durchgeprobt.

Die Nachprüfungen und Erfahrungen anderer Culturvölker auf demselben Gebiet, vor allem die methodische Gründlichkeit der Deutschen geben erst den richtigen Maassstab ab für die Beurtheilung der neuen Errungenschaften.

Ein gedrängter Ueberblick über die Leistungen der übrigen Nationen wird uns am deutlichsten die Reaction zeigen, welche die neue Heilmethode in der Medicin hervorgerufen hat. Wir wenden uns zunächst nach

Belgien und Holland.

Die Arbeiten der Belgier und Holländer schliessen sich unmittelbar an die moderne französische Richtung an.

Unter den Belgiern ist der Hauptvertreter des Hypnotismus Professor DELBOEUF in Lüttich, welcher die hypnotischen Erscheinungen in Paris und Nancy studirte und als früherer eifriger Vertheidiger CHARCOT'scher Ansichten durch eigene Erfahrungen vom Gegentheil überzeugt wurde. Seitdem vertritt er den Standpunkt BERNHEIM's und bekämpft z. B. in seinem Briefe an M. THIRIAR (Nr. 187) heftig die neuropathische Auffassung. — Zu seinen wichtigsten Arbeiten gehört der Aufsatz über den „Ursprung der Heilwirkungen des Hypnotismus" (vgl. Nr. 178, 179, 180, 185).

Der Professor der Ophthalmologie NUEL in Lüttich studirt wie DELBOEUF (Nr. 186) besonders die hypnotischen Erscheinungen in ihren Analogien mit dem normalen Zustand.

Die belgischen Aerzte BOLAND, BOREL, BOCK verwenden die Hypnose therapeutisch, z. B. bei nervöser Aphonie, hysterischen Affectionen des Auges u. s. w., und LEBRUN konnte sie bei einer Operation mit Erfolg verwerthen (Nr. 177, 182, 183, 184).

Nach BOCK resultiren die motorischen Störungen, welche in den hypnotischen Stadien eintreten und in der Psyche ihren Sitz haben, aus einer Veränderung der Hirncirculation, die durch eine gesteigerte Thätigkeit der Centren hervorgerufen wird. Demnach bietet ihm die Beeinflussung der Gehirncirculation durch die Vorstellung den Schlüssel zum Verständniss der hypnotischen Phänomene.

Endlich dürften die Berathungen der belgischen Akademie der Wissenschaften erwähnenswerth sein über die Frage, ob Laien die Vornahme hypnotischer Proceduren zu gestatten sei. Die seit Januar 1888 hierüber gepflogenen Verhandlungen sind noch nicht abgeschlossen (vgl. Revue de l'hypnotisme 1887 und 1888).

Unter den Holländern tritt VERSTRAETEN in einer 1885 erschienenen Schrift für die Richtung der Salpetrière ein (Nr. 176). — ZAANDAM und VAN EEDEN zeigen sich als eifrige Anhänger der Psychotherapeutik (Nr. 192 u. 193). — Noch wichtiger jedoch sind VAN RENTERGHEM's Berichte über Suggestionstherapie. Er referirte am 1. October 1887 auf dem medicinischen Congress zu Amsterdam über seine mit Anwendung der Nancy-Methode erzielten Heilerfolge. Hypnotisch behandelt wurden von ihm

> 178 Personen. Davon blieben
> 9 unbeeinflusst,
> 7 wurden nur somnolent.

Von den übrigen
> 162 Patienten wurden durch Suggestion
> 91 geheilt,
> 46 gebessert. Und bei
> 25 Personen blieb das Verfahren ohne Resultat.

RENTERGHEM versuchte die neue Heilmethode bei 37 verschiedenen Leiden (Neurosen, Gelenkrheumatismen u. s. w.). Unter 3 Fällen von Menstruationsanomalien blieb nur bei einem die Suggestion wirkungslos (Nr. 189, 190, 191).

In der sich an den Vortrag schliessenden Discussion empfiehlt der Vorsitzende, Professor DONDERS (Ophthalmologe) das Studium des Hypnotismus den Physiologen und Klinikern.

Italien.

Den **Anstoss** für hypnotische Untersuchungen in Italien gaben, wenn hier die zahlreichen Arbeiten aus den 60er Jahren übergangen werden, in neuerer Zeit SEPPILLI und TAMBURINI, Professor der Psychiatrie in Reggio. Ihre von FRÄNKEL ins Deutsche übersetzten mehr physiologisch wichtigen Arbeiten schliessen sich unmittelbar an CHARCOT an. Die Verfasser fanden bei einer Hysterischen alle jene Merkmale, Uebererregbarkeit u. s. w., und zeichneten auch Puls- und Respirationscurven auf (Nr. 196, 197, 202, 203). Im Jahre 1885 schrieb SEPPILLI über Suggestionen und TAMBURINI verwendete bereits die Hypnose therapeutisch, z. B. zur Unterdrückung hystero-epileptischer Anfälle (vgl. Nr. 211 u. 212). Früher jedoch als letzterer, nämlich 1882, berichtete schon der Professor der internen Medicin, ACHILLE DE GIOVANNI über günstige Heilerfolge mit Hypnotismus bei Contracturen, Neuralgien, hysterischen Affectionen u. s. w. (Nr. 200, ähnlich wie CERNUSCOLI, CATTANI, RAGGI (Nr. 198, 199, 205), MARINIANI (Nr. 201) u. A. Auf dem medicinischen Congress zu Voghera 1884 ergänzt Professor DE GIOVANNI seine früheren Mittheilungen durch einen Bericht über neue Erfolge. So will er Contracturen, langandauernde Neuralgien, nervöse Schlaflosigkeit, unstillbares Erbrechen, verschiedene Krampfformen u. s. w. beseitigt haben. Sein Standpunkt ist der CHARCOT's; jedoch konnte er keine neuromusculäre Hyperexcitabilität beobachten; wohl aber rief die BRAID'sche Methode, deren er sich bediente, bei einer Patientin periodische Krampfanfälle hervor (Nr. 207). Die Erfolge GIOVANNI's werden durch Mittheilungen von CASTELLI und LUMBROSO bestätigt (Nr. 209), denen es gelang durch Hypnose Lähmungen zu beseitigen und hysterische Verrücktheit. Gleichzeitig (im Jahre 1885) wies GASPARETTI im Anschluss an RICHER auf die Beziehungen zwischen Hysterie und Hypnose hin, ebenso 2 Jahre später CONCA (Nr. 210, 224).

Den neuropathischen Standpunkt vertrat VIZIOLI (Nr. 213), der aber schon im Jahre 1886 und 1887 die Wichtigkeit der Suggestionstherapie betonte und durch Anwendung derselben Lähmungen und Neurosen heilte (Nr. 219, 227).

ENRICO MORSELLI verficht die Unschädlichkeit der Hypnose (Nr. 217), wie DELBOEUF, JAQUES LOMBROSO (Nr. 215), wendet die Eingebung therapeutisch im wachen Zustande erfolgreich an, und nur wo das nicht genügt, nimmt er die Einschläferung vor. Er erzielte günstige Heilwirkungen im Spital zu Livorno. Daneben jedoch legt

3*

er, ebenso wie d'ABUNDO und MARINA (Nr. 214 u. 228) besonderen
Werth auf die physiologische Seite. Seine Untersuchungen über
Puls, Temperatur, dynametrisches Verhalten, Sensibilität in der Hypnose sind denen von TAMBURINI zur Seite zu stellen. Wie GILLES
DE LA TOURETTE, betonen LOMBROSO und PETRAZZANI die Wichtigkeit
der Hypnose für die gerichtsärztliche Praxis. Die Beziehungen des
Hypnotismus zur Psychiatrie sind studirt von TONNINI und VENTRA
(Nr. 233 u. 234). Letzterer hebt die Schwierigkeit hervor, Geisteskranke in den hypnotischen Zustand zu versetzen; auch therapeutisch
bedient er sich der Suggestion nach den Vorschriften BERNHEIM's,
z. B. bei Paresen.

Die neuesten Arbeiten über Hypnotismus in Italien sind fast
ganz der hypnotischen Therapie gewidmet. So behandelt AMADEI
erfolgreich mit Eingebungen: Paralysen, Contracturen, Sensibilitäts-
störungen u. s. w. PARI beseitigt auf gleiche Art Chorea, SCAVARELLI
Spasmus des Oesophagus auf hysterischer Basis, MILIOTTI hysterische
Amaurose. Aehnliches berichten BELFIORE, RAFFAELE, MUSSO e TANZI,
DELLO STRONGOLO, PURGOTTI, VERONESI, FRANCO und andere Autoren
(Nr. 220, 221, 223, 224, 225, 226, 229, 230, 232, 235, 237).

Während BELFIORE ganz der CHARCOT'schen Richtung angehört,
nehmen die übrigen eine mehr vermittelnde Stellung ein oder stehen
auf Seiten BERNHEIM's.

Alle jedoch sind sich einig über den therapeutischen Nutzen des
Hypnotismus und der Suggestion.

Spanien.

Die Literatur der Spanier zeigt, wenn sie auch nicht so umfang-
reich ist, wie diejenige Italiens, doch das Interesse der dortigen
Aerzte für den Hypnotismus. — In neuerer Zeit vertritt hauptsächlich HERRERO die physikalische Richtung, er construirte einen eigenen
Apparat zur Erleichterung der BRAID'schen Methode (Nr. 244, 248,
249). Dr. DE DAS begründete nach dem Vorbild der Franzosen neuerdings ein Journal, „Revista del Hipnotismo" betitelt; er gehört keiner
besonderen Partei an. PULIDO verwendet schon seit 1873 die Suggestion zu therapeutischen Zwecken, besonders in der Gynäkologie.
So wie er, erzielten auch DIAZ DE LA QUINTANA, GONZALEZ DELLE
VALLE günstige Heilwirkungen durch hypnotische Eingebung (Nr. 251,
252). — CORRAL Y MARIA überzeugte sich schon 1882 von der Wichtigkeit der hypnotischen Proceduren bei Behandlung der Hysterie.

LAZARO ADRADAS zeigt sich als eifriger Anhänger FÉRÉS'. — Seit
PLAZA Y CASTAÑOS (1886) die Arbeit BERNHEIM's ins Spanische über-
setzte, mehren sich die Berichte über Heilerfolge durch Einwirkung.
So coupirt MARIANI hystero-epileptische Anfälle, CARRERAS SOLA heilt
hysterische Amaurose, DE AREILZNA Aphasie und Aphonie auf trau-
matischer Grundlage, ähnlich HERRERO und andere (Nr. 240 - 252).
Dass auch in portugiesischer Sprache 1885 von VINELLI eine
Arbeit über Hypnose und Suggestionstherapie erschienen ist, mag
hier kurz erwähnt werden.

England.

Die neueren Arbeiten in englischer Sprache, wozu hier einige
amerikanische gerechnet sind, bleiben weit zurück hinter den Leistungen des Dr. JAMES BRAID. Derselbe wurde 1841, wie schon
oben erwähnt, durch LAFONTAINE mit den Erscheinungen des Mesmerismus bekannt. Ohne auf seine zahlreichen und trefflichen Arbeiten näher eingehen zu wollen, soll hier nur hervorgehoben werden,
dass in seinen Werken bereits — man kann sagen — sämmtliche
Keime für spätere Anschauungen und Anwendungen des Hypnotismus sich vorfinden.[1] Seine Technik, die Hypnose herbeizuführen,
wurde von CHARCOT und dessen Schülern fast ausschliesslich benutzt.
BRAID fand die meisten an der Salpetrière beobachteten somatischen
Zeichen, in gewissen Fällen sowohl die Uebererregbarkeit der Muskeln, wie die Veränderungen der Respiration und Circulation. Fast
alle später physiologisch festgestellten Symptome (so v. HAIDENHEIN)
sind bereits von ihm beschrieben. Andererseits aber kannte er auch
die leichten Stadien der Nancy-Schule, und schreibt das Unvermögen,
die Augenlider zu öffnen bei sonst ganz normalem Verhalten (zweites Stadium nach BERNHEIM), der Erschöpfung des Willenseinflusses
auf die Augenlidheber zu. (Vgl. PREYER, Entdeck. des Hypnot. S. 69.
Er betont auch die subjective Natur des Einflusses und die Macht
vorherrschender Ideen im wachen Zustande. Nach ihm ist das Resultat, der Eintritt der Hypnose, wesentlich von der Erwartung abhängig. Bei gewissen Individuen genügte die blosse Vorstellung und
der Glaube, dass ein besonderer Process vorgehe, Schlaf wirklich
eintreten zu lassen (S. 71). „Je lebhafter die Phantasie, je ange-

---

1) LANGLEY sucht in einem Vortrage den BRAID'schen Standpunkt mit den
Ergebnissen der neuesten Forschungen in Einklang zu bringen.

spannter die Aufmerksamkeit, je stärker der Glaube des Patienten
an den Eintritt des erwarteten Resultates, um so sicherer und deut-
licher traten die Erscheinungen auf, sogar bei manchem Individuum
im wachen Zustand" (S. 92; vgl. BERNHEIM: Suggestion im wachen
Zustand). Die physischen Methoden sind ihm nur Hülfsmittel. Auch
auf die „Einflüsterungen", „Suggestionen" und deren Allmächtigkeit
bei genügend vertiefter Hypnose weist er hin. „Jede im Patienten
während dieses Zustandes angeregte Idee ist mit gegenwärtiger Wirklichkeit ausgerüstet." Den Zustand, in welchem das Gemüth von
einer herrschenden Vorstellung besessen ist, nennt er „Monoïdëismus",
die dadurch zu Stande kommenden physischen und geistigen Veränderungen sind „monoïdeodynamisch". Mit Hinblick auf die sich
oft zeigende ausserordentliche Sinnesverschärfung Hypnotisirter und
ihre angespannte Aufmerksamkeit auf den Operateur warnt er vor
Trugschlüssen. Damit ist im Grunde das Programm der Nancy-Schule
gegeben.

Seine Heilerfolge bei den verschiedenartigsten Leiden haben mit
denen BERNHEIM's und LIÉBEAULT's grosse Aehnlichkeit. — Erheb-
liche Besserung oder gänzliche Beseitigung wurden von ihm erzielt
bei folgenden Krankheiten: Schwachsichtigkeit, Schwerhörigkeit,
Anosmie, Ticdouloureux, Anästhesie, Gedächtnisschwäche, Muskel-
schwäche, Facialisparese, Contracturen, hemiplegischen Lähmungen,
Aphonie, Rheumatismen (der Gelenke und Muskeln), Neuralgien,
Chorea, Stottern, Epilepsie, Zahnschmerz, Spasmen, Zittern, Schlaflosigkeit, Intestinalstörungen (Obstipation, Diarrhöe u. s. w.), Augenleiden (selbst bei Hornhauttrübungen!).

Geisteskranke sind nach BRAID's Erfahrung am schwersten zu
hypnotisiren, nichtsdestoweniger hatte er auch hier namentlich bei
Hysterischen und Alkoholikern Erfolge.

Er betrachtet die Hypnose als temporäre Störung der nervösen
Centren durch ungewöhnliche Erregung, steht also auf dem neuropathischen Standpunkt. Nur für eine gewisse Gruppe von Krankheiten ist ihm der Hypnotismus ein wichtiges Heilmittel, das bei
kritischer Anwendung viel Gutes zu schaffen im Stande ist.

Dem Beispiele ESDAILES folgend, der im Spital zu Calcutta 300
Operationen in der Hypnose vornahm, verwendete auch BRAID in einzelnen Fällen den Hypnotismus als Narcoticum. Abgesehen von ihrer
ausserordentlichen Wichtigkeit für die ganze hypnotische Bewegung
beweisen die Versuche BRAID's auch, dass die Engländer nicht so
unempfänglich sind für Hypnose, wie viele der heutigen Aerzte glauben. Wahrscheinlich sind die Ursachen für das öftere Misslingen der

Experimente folgende: einmal die dem conservativen nüchternen
Sinn der meisten Engländer entsprechende geistige Präoccupation,
und zweitens unzureichende Uebung der Aerzte im Modus faciendi
(vgl. Nr. 253—258, 260, 261, 263, 264).

An die Untersuchungen BRAID's schlossen sich eine Reihe von
Arbeiten meist physiologischen Inhalts, von denen ich hier nur die
von CARPENTER und ALEXANDER WOOD anführen will. Der letzt-
genannte Autor hielt 1851 am 2. April einen Vortrag vor der medi-
cinisch-chirurgischen Gesellschaft in Edinburgh, welcher eine besonders lebhafte Discussion hervorrief, über die Erklärung der hypnotischen Phänomene (vgl. Nr. 421). BENNET, der sich daran betheiligte,
wies auf die Analogien im Irrsinn hin und vertrat die Ansicht, dass
im hypnotischen Zustand jene Gruppe von Nervenfasern, welche die
Ganglienzellen unter sich verbinden und die psychischen Einflüsse
vermitteln, gelähmt und functionslos sei bei völliger Intactheit des
Projectionssystems zweiter und dritter Ordnung. Somit dränge die vor-
herrschende Idee den Patienten in eine Täuschung, weil die übrigen
geistigen Vermögen nicht corrigirend einzuwirken vermöchten. Es
giebt nach BENNET geistige und sensorische Illusionen, die ersten
werden corrigirt durch Aufmerksamkeit, Vergleichung und Urtheil,
die letzteren durch Anwendung anderer Sinne. Ist das Gleichgewicht
zwischen dem geistigen Vermögen und den anderen Sinnen gestört,
so entstehen leicht Illusionen der einen oder anderen Art.

Auch die englischen Leistungen aus neuerer Zeit sind der überwiegenden Mehrzahl nach physiologischen Inhalts, oder rein theore-
tisch. So diejenigen von CHAMBARD, GLYNN, ROCKWELL, ROTH und
HACKE TUKE, der übrigens als Anhänger CHARCOT's die Hypnose auch
praktisch anwendet bei Neurosen und leichteren Psychosen (Nr. 268,
273, 274, 281, 287, 289).

REYNOLDS und WEIR berichten ebenfalls Heilungen von Paraplegien durch Hypnose, und SMEE weist auf die Wichtigkeit der Suggestionen hin (Nr. 266, 275).

Lebhafter dagegen ist das Interesse der Amerikaner. Hier vertritt ALLYN (Philadelphia) die Suggestivtherapie der Nancy-Schule,
während die Aerzte MILLS, BEARD, GIRDNER, M. GREW, MITCHELL,
ROMANES u. s. w. entweder CHARCOT's Ansicht vertheidigen oder eine
vermittelnde Stellung einnehmen (Nr. 270, 271, 272, 276, 277,
279, 284, 285, 286, 288).

Für die Simulationsfrage dürfte folgende Notiz aus New-York
von Interesse sein: Der Professor der Chirurgie, Herr AUSTIN FLINT,
welcher die bei tiefer Hypnose auftretende Anästhesie für Täuschung

hielt, stiess einem jungen Manne während der Hypnose eine Nadel in die Hornhaut, ohne dass die geringste Bewegung erfolgte. Dagegen trat nach dem Erwachen eine heftige Hornhautentzündung ein (vgl. PREYER: Hypnotismus S. 282). Von diesem Moment an galt das Versuchsobject für glaubwürdig.

Russland, Polen, Griechenland.

Zwar sind die Arbeiten der russischen Wissenschaft über Hypnose nicht so zahlreich, aber sie beweisen immerhin eine gewisse Reaction auf die von Frankreich ausgehende Strömung.

Die physiologische Seite studirten DROZDOFF und USPENSKI, während DANILEWSKY Beobachtungen über Thierhypnose anstellte (Nr. 294, 296). HEERWAGEN (Nr. 295) liefert in seiner Dissertation durch Mittheilung einiger Krankengeschichten einen Beitrag zum Hystero-Hypnotismus der Salpêtrière. CHILTOFF, Professor in Charkow, nimmt den Standpunkt der Pariser Schule ein und heilt einen Fall von Hemiplegie nach Apoplexie durch Hypnose. USPENSKI, RIBALKIN, EBERMANN, GOOSIEF und LICHONIN, der in 4 Jahren über 200 Versuche anstellte, sind sämmtlich Anhänger CHARCOT's, GAMALE will sogar hypnogene Zonen gefunden haben; GODNEFF dagegen muss als Hauptvertreter der Nancy-Schule angesehen werden. Er sowie TOKARSKY und TELCHININ verwenden die Suggestion therapeutisch. KOLSKI und KOBYLJANSKI wollen sogar Menstruationsanomalien durch Eingebung beseitigt haben (Nr. 294—308).

Eine der vollständigsten Darstellungen der Physiologie des Hypnotismus ist diejenige des Polen CYBULSKY. Die übrigen polnischen Arbeiten, so die von PRUS, RACIBORSKI und JENDEL bringen nur Referate über die französische Literatur (vgl. Nr. 292), während JAKOVENKO den Hypnotismus erfolgreich bei hysterischer Neuralgie anwendete. — Aehnlich berichten der Grieche PISTES' Erfahrungen aus CHARCOT's Klinik und PAPABASKLEOS die Heilung einer Hysterischen durch Hypnose (vgl. Nr. 290 und Nachtrag).

Skandinavien und Dänemark.

Wie Dr. AXEL JOHANNESSEN in seiner geschichtlichen Skizze des Hypnotismus mittheilt, wurde derselbe in Skandinavien schon 1820 von DÖDERLEIN gegen chronischen Kopfschmerz, und 1821 von Pro-

fessor FREDERIK HOLST gegen hartnäckige Krämpfe erfolgreich angewendet. — In Stockholm bediente sich vor 30 Jahren Professor
FAYE der Hypnose als Narcoticum bei einer Aetzung der Portio vagi-
nalis (Nr. 312).

Aus neuerer Zeit dürften am wichtigsten erscheinen die Verhandlungen der medicinischen Gesellschaft in Christiania am 25. August
und am 8. und 22. September 1886 im Anschluss an den Vortrag
des Dr. HAUFF, der in einer ausführlichen Darlegung die Hypnose
als physiologischen Vorgang hinstellt. Dr. SEEGARD und Dr. FAYE
halten den neuropathischen Standpunkt in der Discussion aufrecht.
Professor LOCHMANN, sich mehr der pathologischen Auffassung zu-
neigend, erklärt, es sei nach dem derzeitigen Standpunkt der Wissenschaft unmöglich, zu entscheiden, wie weit die Hypnose physiologisch
oder pathologisch sei. Er schloss seine Ausführungen mit der Be-
merkung, „dass noch vieles ausserhalb unserer Wahrnehmung liege,
wie z. B. unterhalb einer gewissen Schwingungszahl der Aethermole-
küle Licht und Schall nicht mehr wahrgenommen würden, es lasse
sich nun denken, dass die ausserhalb unserer Sinneswahrnehmung
liegenden Schwingungen die Grundlage für verborgene Kräfte bilden,
die auf der Grenze zwischen Körperlichem und Geistigem liegen."
Dieselbe Anschauung wird in zahlreichen neueren französischen
und englischen Arbeiten vertheidigt. Die Wichtigkeit der Suggestion
für die praktische Medicin betonte Dr. OTTO WETTERSTRAND. Er
wendete das hypnotische Verfahren an (1887) bei

  718 Patienten und fand
  17 unempfänglich.

Die grosse Zahl seiner Heilungen und Besserungen ist eine un-
abhängige Bestätigung der in Nancy, Toulon, Amsterdam u. s. w. erhaltenen Resultate. Wie BRAID, beseitigte auch er auf diese Weise
z. B. Stottern (Nr. 309 und Nachtrag).

Eine auffallend rege Thätigkeit auf hypnotischem Gebiet ent-
wickelten die Dänen, und zwar erst in den letzten Jahren. Dr.
HYTTEN in Nästved theilt eine Reihe zufriedenstellender Heilwirkungen mit, so z. B. bei Morphinomanie, spontanem Somnambulismus,
Stottern, hysterischen Contracturen u. s. w.; in einem Fall nahm er
während der Hypnose eine schmerzlose Ausschabung des Uterus vor.
Er hält das hypnotische Verfahren für vollkommen unschädlich und
überzeugte sich wiederholt, dass für die therapeutische Suggestion
eine vollständige tiefe Hypnose nicht nöthig ist (wie BERNHEIM und
FONTAN u. s. w.). JOHANNESSEN will durch Autohypnose seiner Mor-
phiumsucht Herr geworden sein, was ihm auf anderem Wege nicht

gelang. Nach GEORGE LYTKEN sind nervöse Personen schwerer zu
hypnotisiren; nichtsdestoweniger erzielte er durch Anwendung der
Suggestion in 20 mitgetheilten Fällen Heilungen und Besserungen, so
bei Hypochondrie, Neurasthenie, Hysterie, Chorea, Geistesstörungen,
Lähmungen, Stottern, Neuralgien u. s. w. Im Allgemeinen hatte
LYTKEN keine üblen Folgen zu verzeichnen; nur einmal beobachtete
er ein Aussetzen der Respiration: der drohende Ausbruch eines hysterischen Anfalles wurde von ihm durch sofortige energische Suggestion
coupirt. Bei zu plötzlichem Erwecken tritt nach ihm oft Kopfweh
ein. Auch J. CARLSEN fand in einigen Fällen Schwierigkeiten beim
Erwecken; derselbe weist auch auf die Möglichkeit hin, dass durch
hypnotische Curen die Zahl der empfänglichen und abnormen Individuen erhöht werden könne. Auch Dr. LINDÉN berichtet über
einen Fall von functionellen Störungen bei einem Knaben im Anschluss an eine von HANSEN vorgenommene Hypnotisirung. Dagegen
beobachteten FRÄNKEL, BENTZON, SCAVENIUS-NIELSEN bei ihren ebenfalls erfolgreichen Versuchen niemals nachtheilige Folgen. Dr. PETER
KOCH hatte Gelegenheit, Rückfälle bei reconvalescenten Geisteskranken
durch hypnotische Proceduren herbeigeführt zu sehen. Dennoch ist er
wie auch FRIEDENREICH der Ansicht, dass die Hypnose, wiewohl
sie die Neigung zum spontanen Somnambulismus wecken könne, in
Fällen, bei denen andere Behandlungsmethoden nicht zum Ziele
führen, mit sorgfältiger Abwägung der individuellen Verhältnisse,
als das wirksamste und prompteste Mittel der Psychotherapeutik Anwendung finden müsse. In ähnlichem Sinne sprechen sich die Aerzte
PETERSEN, SELL und SCHLEISNER aus. PETERSEN verlangt eine zu-
verlässige Controle und weist auf die Schwierigkeiten der praktischen
Durchführung dieses Verfahrens hin. SELL hebt den möglichen Missbrauch der Suggestion hervor, ohne aber die grosse Bedeutung dieser
Heilmethode zu unterschätzen. Districtsarzt G. SCHLEISNER endlich
verlangt die Ausführung der hypnotischen Proceduren, die ihm ebenso
nöthig erscheinen, wie den Genannten, durch competente wissenschaft-
liche Specialitäten, und zwar nie ohne bestimmten Zweck und mit
aller Sicherheit gegen Missbrauch und Nachtheile (vgl. die Referate von
BERGER, Neurolog. Centralbl. 1887—1888 und Bibliogr. Nr. 309—330).

Die Schweiz.

Aus der Periode vorwiegend physiologischer Untersuchungen des
Hypnotismus (1878—1882) dürften nur die Arbeiten von SCHUCHARDT

über Hypnose bei Krebsen und die allgemeinere Studie von WILLE (Basel) Erwähnung verdienen (Nr. 331 u. 334).

Der hauptsächlichste Vertreter der modernen Richtung in der französischen Schweiz ist der Privatdocent Dr. LADAME in Genf. Seine Schriften behandeln fast das ganze Gebiet des Hypnotismus in seinen verschiedenen Beziehungen. Mit dem Mikrophon, Telephon und Magneten stellte er physiologische Experimente an Hypnotisirten an (1886); in mehreren Aufsätzen plaidirt er energisch für ein Eingreifen der Gesetzgebung zum Schutz gegen Missbräuche der Suggestion; in einer anderen Studie weist er die Wichtigkeit des Hypnotismus für das Erziehungswesen nach. Auch die hypnogenen Mittel und ihre Wirkungen wurden Gegenstand seiner Beobachtungen. In vielen Fällen, besonders bei Psychosen, wendete er die Suggestiv-Therapie mit Erfolg an, so bei Trinkern, Dipsomanen, hysterischem Somnambulismus mit Verdoppelung der Persönlichkeit. LADAME vertritt den neuropathischen Standpunkt. — Auch Professor YOUNG in Genf benutzt in vielen Fällen die neue Heilmethode.

In der deutschen Schweiz zeigt sich FOREL, Professor der Psychiatrie in Zürich, als ein eifriger Anhänger der Nancy-Schule.

Seine therapeutischen Resultate sind deswegen wichtig, weil er zuerst die Suggestiv-Therapie nach der BERNHEIM'schen Methode in die Medicin der deutsch redenden Länder einführte und durch seine eifrige Vertheidigung derselben den Anstoss zu weiteren Untersuchungen im engeren Vaterlande gab. (Vgl. Nr. 335, 338, 339.)

Seine Resultate gestalten sich nach den drei aufeinander folgenden Berichten — der vierte Bericht kommt als Gesammtresumé nicht in Betracht — folgendermassen:

Hypnose:

	versucht:	gelungen:	misslungen:
I. Bericht:	bei 41 Personen,	27 Personen,	14 Personen.
II. Bericht:	= 58 =	47 =	11 =
III. Bericht:	= 29 =	26 =	3 =
Summa:	128 Personen,	100 Personen,	28 Personen.

Bemerkenswerth ist das chronologische Steigen der Erfolgziffer, was für die zunehmende Uebung des Experimentirenden spricht. — FOREL's Zahlen stimmen im Allgemeinen mit denen BERNHEIM's, LIÉBEAULT's, FONTAN's, RENTERGHEM's, WETTERSTRAND's u. s. w. überein. — Das Verfahren wurde angewendet besonders oft bei leich-

ten Psychosen und Neurosen; auch in wiederholten Fällen will FOREL
Gelenkrheumatismen und Menstruationsanomalien gebessert und beseitigt haben. Bei einer Person gelang es ihm sogar, durch Suggestion
circumscripte Röthung der Haut und Pusteln zu erzeugen. Nach seiner
Erfahrung sind am besten die Symptome von Leiden zu behandeln,
welche noch nicht eingewurzelt, weniger alt und überhaupt flüchtiger
Natur sind. Zum Gelingen der Suggestion gehört nach FOREL:

1. Zutrauen der Leute,
2. Unbefangenheit der Patienten,
3. Uebung und Sicherheit des Arztes.

Deswegen sind Erfolge bei einfachen Leuten aus dem Volke
leichter und schneller zu erzielen, wie z. B. bei geistig präoccupirten
Gelehrten. Indess erreichte er auch bei solchen trotz der grösseren
zu überwindenden Schwierigkeiten günstige Resultate. Auf seine Er-
widerung gegen die Ausführungen des Professors EWALD in Berlin
kommen wir später zurück. Ausser ihm beschäftigen sich mit dem
Hypnotismus in Zürich Director BLEULER und Professor VON LILIEN-
THAL. Die Arbeit des letzteren über „Hypnotismus und Strafrecht" im
Anschluss an das demnächst in deutscher Uebersetzung erscheinende
Werk von GILLES DE LA TOURETTE scheint die umfassendste und
beste über diesen Gegenstand in der deutschen Literatur zu sein.

Endlich möge noch auf den Vortrag hingewiesen werden, welchen
Professor MIESCHER am 6. März 1888 in der Aula der Universität
Basel über „Hypnotismus und Willensfreiheit" hielt, und ebenso
auf die erfolgreiche hypnotische Behandlung einiger Fälle von Stottern
durch den Arzt RINGIER (Nr. 331—342).

Oesterreich-Ungarn und Deutschland.

Im Anschluss an BRAID's Versuche entstanden in Deutschland
nur wenige Arbeiten, wenigstens in der Zeit von 1860—1878. So
ist diejenige von PATRUBAN (1860) über die Physiologie des Hypnotismus erwähnenswerth. Sporadisch machte man das Experiment,
die Hypnose als Narcoticum anzuwenden, so HEYFELDER 1860. Erst
CZERMAK und PREYER stellten genauere Untersuchungen über Thierhypnose an (1873 und 1878), und HEUTEL berücksichtigte bereits
1876 in einem Aufsatz über „Schlafreflexe" den hypnotischen Zustand (Nr. 343—349). Nachdem die öffentlichen Schaustellungen des
dänischen „Magnetiseurs" HANSEN das Interesse wieder in weiteren

Kreisen geweckt hatten, begann eine regere Thätigkeit. Die Jahre
1878—1882 (mit nicht feststehender Grenze) bezeichnen in Deutschland eine Periode mehr physiologischer Untersuchungen des Hypnotismus. Dieser Frage sind die Arbeiten von WEINHOLD, ADAMKIEVICS,
BENEDIKT (Wien) u. s. w. gewidmet, BROCK und GERTLER (1880 und
1882) untersuchten die stofflichen Veränderungen in der Hypnose,
ohne aber zu allgemein feststehenden Resultaten zu kommen. Grundlegend jedoch für diese Periode sind die zahlreichen Berichte von
BERGER, HEIDENHAIN, GRÜTZNER, BÄUMLER, SENATOR, COHN u. A.
(vgl. Nr. 350—397). Die Feststellungen von BERGER und HEIDENHAIN
fallen um so mehr ins Gewicht, weil sie grossentheils ohne Kenntniss der BRAID'schen Schriften entstanden sind und unabhängig zu
denselben Resultaten gelangen, wie BRAID (vgl. Nr. 421). Gegen
Schluss der Periode tritt jedoch schon in einigen Mittheilungen die
Einwirkung CHARCOT'scher Lehren hervor. Die Methoden der Hervorrufung des hypnotischen Zustandes sind in dieser Zeit fast durch-
weg physikalischer Natur, wenn auch BERGER das psychologische
Moment, die künstlich erregte und auf bestimmte Körpertheile ge-
lenkte Aufmerksamkeit mit betont, ähnlich wie auch SCHNEIDER.
Und eben diese Art macht es erklärlich, dass eine ganz bestimmte
Klasse von Erscheinungen, die zum Theil an CHARCOT's Beobachtungen erinnern, vom neuropathischen Gesichtspunkt aus zur Untersuchung gelangte. Wie BRAID, TAMBURINI und RICHER, fand man
Puls- und Respirationsveränderungen (BERGER), bedeutende Verfeine-
rung der Sinnesfunctionen, Sinnestäuschungen u. s. w. GRÜTZNER will,
wie CHARCOT, gesteigerte Sehnenreflexe in der Lethargie, herabgesetzte in der Katalepsie beobachtet haben. Indessen unterschied er
5 Grundtypen der Hypnose, wovon ich hier nur den letzten, den
der „Echosprache" anführen will. Echolalie entsteht nach GRÜTZNER
durch Druck auf den Nacken, Sprechen in den Rachen, gegen die
Magengrube und gegen den Nacken; Druck über dem rechten Augen-
bogen benimmt oft die Sprache. Nach unseren heutigen Kenntnissen
dürften sich diese an sich auffälligen Erscheinungen wohl durch
Suggestion, durch wahrscheinlich unbewusste Einwirkung des Experimentirenden oder durch Autosuggestionen der Patienten erklären lassen.

Denn es unterliegt ebensowenig dem Zweifel, dass diese Erscheinungen durch Suggestionen erzeugt werden können, als es fest-
steht, dass sie durchaus an eine solche Gesetzmässigkeit nicht ge-
bunden sind.

Was COHN über die Farbenempfindung, deren Veränderungen
und über Strichrichtung, beim Einschläfern und Erwecken berichtet,

scheint in dasselbe Gebiet zu gehören. Wenigstens haben BRAID und ARMAND HÜCKEL den zwingenden Nachweis geliefert, dass die mit der Strichrichtung verbundene Vorstellung des Patienten, nicht aber die Richtung allein maassgebend ist. — Als Ursache des hypnotischen Zustandes betrachtet HEIDENHAIN eine Thätigkeitshemmung der Ganglienzellen der Grosshirnrinde, eine Anschauung, die trotz Anerkennung der HEIDENHAIN'schen und BUBNOFF'schen Experimente von vielen Autoren nicht getheilt wird. So sagt TAMBURINI (Anl. zum Exp. Hypn., deutsch von Fränkel S. 42): „Wir glauben nicht, dass HEIDENHAIN's Theorie einen Schritt vorwärts zur wissenschaftlichen Erklärung der Genese aller dieser Erscheinungen bieten werde. Es ist doch leicht zu begreifen, dass, wenn man von Erregungs- und Hemmungsvorgängen im Innern der Ganglienzellen spricht, um Functionsänderungen im Nervensystem zu erklären, die sich mit Erscheinungen von Mehrung oder Minderung der Functionsthätigkeit äussern, dass dies nichts anderes ist, als mit anderen Worten dieselbe Sache wiederholen, deren Ursprung immer in Dunkel gehüllt bleiben wird."

Zu den wichtigeren Arbeiten aus derselben Periode gehören die Bearbeitung der BRAID'schen Schriften durch PREYER (1881 u. 1882), ferner die Aufsätze von FRIEDBERG und FINKELNBURG über die forensische Bedeutung des Hypnotismus. RIEGER betont in mehreren Schriften die wichtigen Beziehungen zwischen Irrsinn und Hypnose, und weist auf den therapeutischen Werth der Hypnose hin, jedoch nicht, ohne der mit der BRAID'schen Methode verknüpften Gefahren zu gedenken (Nr. 403. S. 41). — Aehnlich wie in Deutschland haben die Studien über Hypnose aus derselben Zeit in Oesterreich-Ungarn einen vorwiegend physiologischen Charakter, so die Arbeiten von HÖGGYES, LAUFENAUER und SÁNGER. Ausser LANGER (1882) beschäftigte sich auch die Gesellschaft der Aerzte in Budapest (1884) mit den Erscheinungen des Hypnotismus bei Hysterischen. Ueber die therapeutische Anwendung lässt sich aus derselben Periode wenig berichten. (Vgl. Nr. 394, 395, 398, 401, 404.)

Dr. KREUTZFELD, Assistent des Professors PREYER, wendete in einigen Fällen von Neuralgien das hypnotische Verfahren mit Erfolg an (1880; Nr. 396, S. 286). Ebenso BERGER bei Farbenblindheit, Schlaflosigkeit, hysterischen Krämpfen, psychischen Aufregungszuständen. Folgende bereits 1880 von BERGER ausgesprochenen Sätze dürften heute, wo uns die französischen Untersuchungen den therapeutischen Werth der Hypnose in ganz anderem Lichte gezeigt haben, mehr noch als vor 8 Jahren Geltung besitzen:

„Wenn ich von magnetischen Curen Günstiges berichtet habe,
so dürfte ich wohl auf die Zustimmung aller Praktiker rechnen,
wenn ich behaupte, dass es mir als Arzt zunächst gleichgiltig ist, in
welcher Weise und auf welchem Wege sich die hypnotische Procedur
wirksam erweist, ebensowenig, wie wir uns von der Verordnung
eines Medicamentes abhalten lassen, auch wenn uns das „Wie" seiner
physiologischen Wirksamkeit unbekannt geblieben ist. — Die moralische Behandlung zahlreicher Nervenkranker scheint mir durch die
hypnotischen Versuche in ein neues Stadium gerückt; sie muss in ge-
eigneten Fällen zur Methode erhoben werden. Bei streng individuali-
sirter Modificirung derselben wird die Praxis des wissenschaftlich
gebildeten Arztes dann mindestens ebenso viele Wundercuren zu verzeichnen haben, wie die Schaar der zahllosen Heilkünstler zu berichten weiss."

Aus den Jahren 1885 und 1886 heben wir nur die Arbeit von
KAAN hervor, welcher die Ursachen der hypnotischen Erscheinungen
aus einer wechselnden cerebralen Blutfüllung erklären will. Ihm
gelingt die Erweckung aus der Hypnose durch heisse Umschläge um
den Kopf, zur Verstärkung namentlich im kataleptischen Stadium
lässt er auch kalte Umschläge vorausgehen. Im Uebrigen erkennt
er, wie die meisten deutschen Autoren aus dieser Zeit, die CHARCOT-
Stadien an. 1886 berichtet LAKER über das Auftreten von Gesichtsödem nach Hypnose; und LAUFENAUER und MORAVCSIK bringen einige
Beiträge zum hysterischen Hypnotismus (Nr. 406—412).

Ein bemerkenswerther Umschwung vollzieht sich im Jahre 1887.
Denn, während die zahlreichen physiologischen Arbeiten aus den
Jahren 1878—1882 wegen zu geringer Berücksichtigung der psycho-
logischen Seite, der Auto- und Fremd-Suggestionen verschiedenartige
und deswegen vielfach nicht feststehende Resultate erzielten, waren
in den folgenden Jahren und zwar in den letzten Ausläufern bis heute
die CHARCOT-Lehren maassgebend, und erst im Jahre 1887 begann
man, der von Nancy ausgehenden immer mehr wachsenden Strömung
einige Beachtung zu schenken. (Vgl. Nr. 413—453 und Nachtrag).

Die beste und umfassendste Arbeit dieses Jahres, die in der
Realencyklopädie d. ges. med. Wissensch. erschienene Abhandlung
von PREYER und BINSWANGER über den Hypnotismus zeigt deutlich
diesen Uebergang. PREYER berücksichtigt in seiner Bearbeitung des
physiologischen Theiles die technische Erzeugung der Hypnose in
erster Linie, betont aber schon die Abhängigkeit der circulatorischen
und respiratorischen Veränderungen von der Individualität des Versuchsobjects. In Bezug auf die Motilitätsanomalien unterscheidet er:

1. Excimotorische Symptome (kataleptische, kataleptiforme, spastische, klonische, tonische Krämpfe und ideomotorische durch Suggestion erzeugte Acte).

2. Ausfalls- und Hemmungserscheinungen (Aphasie, Alexie, Agraphie, Ataxie, Ageusie, Torpor, Lethargie u. s. w.).

Zum Schluss weist PREYER das Ungenügende aller bis jetzt vorliegenden Erklärungen hin. Leider ist in dieser sonst treffenden und zusammenfassenden Darstellung den Arbeiten BERNHEIM's und seiner Richtung gar nicht Rechnung getragen (vgl. Nr. 421).

Die 1884 u. 1886 bereits erschienenen Mittheilungen des Physiologen BEAUNIS hätten um so mehr Anspruch auf Berücksichtigung in einem 1887 erschienenen Referat, weil ihnen eine viel allgemeinere Giltigkeit zukommt, wie den durch Suggestion getrübten Beobachtungen des hysterischen Hypnotismus, zumal in einer Zeit, wo die Reaction zu Gunsten der Nancy-Schule bei fast allen Nationen in rapidem Zunehmen begriffen ist.

Dagegen entspricht der von BINSWANGER bearbeitete pathologische Theil vollkommen dem modernsten Standpunkt unserer Kenntnisse, besonders da am Schlusse auch auf die Wichtigkeit der alles zurückdrängenden Suggestionslehre nachdrücklich hingewiesen wird. So sagt BINSWANGER (S. 117): „Wir sehen die Weiterentwicklung der Lehren und Anschauungen sowohl im Entwicklungsgange des einzelnen, wie bei BRAID und BERGER, und ganzer Schulen, wie bei denjenigen von MESMER bis zum Marquis DE PUYSÉGUR und dem Abbé FARIA, von CHARCOT bis zu RICHER und CH. FÉRÉ, von DUMONT-PALLIER bis zu BRÉMAUD und BOTTEY, von LIÉBEAULT bis zu BERNHEIM und BEAUNIS, überall verdrängt die Suggestion alle anderen Methoden der Untersuchung und begräbt scheinbar die ganzen früher methodisch mühselig erlangten Versuchsergebnisse in der Fluth der neuen bahnbrechenden und mannigfaltigen Befunde."

BINSWANGER unterscheidet die physikalisch erzeugte Hypnose und die Hypnose Hysterischer von dem durch Suggestion erzeugten Schlaf. Er stellte selbst zahlreiche Versuche, auch zu therapeutischen Zwecken, an; allein in der Mehrzahl der Fälle bediente er sich der technischen Mittel zur Hypnotisirung und beobachtete die Grundtypen der CHARCOT-Schule allerdings mit oft wesentlichen Abweichungen. Heilerfolge hatte er zu verzeichnen z. B. bei nervöser Schlaflosigkeit, hysterokataleptischen und somnambulen Zuständen. Indessen sind ihm mitunter auch die nach der Nancy-Methode angestellten Versuche misslungen. So erzielte er dadurch in einem Fall von grande hystérie einen hysteroepileptischen Anfall. In der

Jahressitzung der deutschen Irrenärzte zu Frankfurt am 16. und 17. Sept. 1887 nahm Binswanger Gelegenheit, über die hypnotische Therapie bei Geisteskranken zu sprechen. Er erwähnt das seltene oder unvollkommene Vorkommen der Charcot-Stadien; auf der anderen Seite aber bewirke das Hinzukommen der Suggestion das Aufhören jeder Gesetzmässigkeit. Nach seinen Erfahrungen sind gewisse Hereditarier, Hysterische, Epileptische, auch Paranoiische und Reconvalescenten hypnotisirbar. Ohne entsprechende Suggestion fand Binswanger niemals Anästhesie und Veränderung des Muskelsinns, auch keine veränderte Pulscurve.

„Bei allem Skepticismus", fährt er fort, „darf man die Beschäftigung mit diesen Dingen nicht von der Hand weisen; es sind Thatsachen, welche nicht wegzuleugnen sind."

Nach der Ansicht des Redners bringt die Verwerthung des Verfahrens bei Geisteskranken mehr Schaden als Nutzen; besonders bei Reconvalescenten kann man Rückfälle der Aufregung hervorrufen. Bei Nichtgeisteskranken würden temporär einige Symptome gebessert, das Grundleiden werde aber niemals völlig geheilt. In der Discussion giebt auch Siemerling an, nie Charcot-Stadien beobachtet zu haben; Preyer und Obersteiner befürworten warm weitere therapeutische Versuche mit Geisteskranken. Auch will letzterer bei Aufregungszuständen mit der Suggestion Erfolge gehabt haben. Man darf wohl bei der verhältnissmässig geringen Casuistik in Deutschland die Untersuchung über diesen Gegenstand nicht als abgeschlossen erklären. — Wie das Beispiel Forel's zeigt, nimmt mit der Uebung des Experimentirenden in dieser keineswegs leichten Behandlungsmethode auch die Zahl der Erfolge zu. Denn offenbar spielt bei keiner anderen therapeutischen Procedur die Persönlichkeit, die Individualität des Experimentirenden eine so grosse Rolle, wie bei der Suggestiv-Therapie. Ausserdem wird jedes neue therapeutische Verfahren so lange mit Opfern bezahlt, bis es gelungen ist, Indication und Contraindication genau festzustellen, endlich haben zahlreiche Medicamente, deren Gebrauch unter Umständen dem Organismus schädlicher sein kann, wie die Hypnose, ebenfalls keinen anderen Zweck und Erfolg, als Symptome bei einem unheilbaren Grundleiden vorübergehend zu bessern. Deswegen dürfen weder einige ungünstige Resultate und öfter vorkommende Recidive, denen eine noch grössere Zahl gelungener Heilungen gegenübersteht, noch die unter gewissen Umständen vorhandenen Gefahren als genügender Grund angesehen werden für das gänzliche Aufgeben dieser Behandlungsart. Allerdings sollte man nur in solchen Fällen zur Psychotherapeutik seine Zuflucht nehmen, in denen andere Behandlungsmethoden nichts nützen, oder grössere Gefahren mit sich bringen. Kürzere deutsche Referate über französischen Hypnotismus liegen vor u. a. von Obersteiner, Bleuler und als das vielseitigste das Buch von Gessmann. Sie alle betonen auch die klinische und forensische Bedeutung der hypnotischen Erscheinungen. Die Arbeiten von Dornblüth, Stille, Wernike, Seeligmüller, Hähnle, der sich auch therapeutisch der Hypnose bedient, z. B. mit Erfolg bei Incontinentia urinae, sind erwähnenswerth, weil ihre Verfasser meist auf dem Boden eigner Erfahrungen stehen. — Die bis jetzt erschienenen 3 Broschüren von Sallis (deren letzte über den Hypnotismus in der Geburtshülfe) enthalten einige Paradefälle französischer Kliniker in deutscher Uebersetzung und sind im Uebrigen werthlose und unvollständige Referate (vgl. Nr. 414, 416, 420, 423, 424, 426, 431, 434, 447).

Die durch eigne Experimente gestützten kritischen Bemerkungen Hückel's über Charcot, Féré, Dumontpallier, Pitres u. s. w. gehören jedoch zu den wichtigeren Leistungen der neuesten Zeit. Seine Schrift betont recht eigentlich die Vernachlässigung des psychischen Moments und hebt den bedeutenden Factor der unbewussten Suggestion hervor. Auf Grund eigner negativer Nachprüfungen spricht der Verfasser mit vernichtender Kritik über die Charcot-Stadien, die Hemihallucinationen Féré's, die Muskelreize Dumontpallier's u. s. w. das Todesurtheil aus. — Immerhin scheint uns Hückel's Beweis für die suggestive Erzeugung jener Merkmale nicht gegen das vereinzelte spontane Auftreten der von jenen Forschern beschriebenen Symptome zu sprechen. Wenigstens dürften die unter stricten Bedingungen angestellten zahlreichen Experimente v. Krafft-Ebing's eine Bestätigung sein für manche von der Charcot-Schule behauptete Thatsache. Dass aber auch Voreingenommenheit als unbewusste Suggestion negative Resultate zu erzeugen im Stande ist, lässt sich nicht bezweifeln (Nr. 436).

Die erwähnten Versuche des Professors v. Krafft-Ebing wurden an einer Hystero-epileptischen in Graz angestellt, welche vordem vom Docenten Dr. Jendrassik in Budapest in ähnlicher Weise benutzt wurde. Die unabhängigen Beobachtungen beider Forscher stimmen bei Verschiedenheit von Zeit, Ort und Umständen merkwürdig überein und liegen nunmehr in zusammenhängender Darstellung vor (Nr. 440). Beiden gelang wiederholt — eigentlich jedesmal, wenn der Versuch von neuem angestellt wurde — die suggestive Einwirkung auf die vasomotorische Sphäre. — So berichtet Dr. Jendrassik folgendes Experiment:

„Eine Wäschemarke, ein K darstellend, wird der Hypnotisirten auf die linke Schulter gedrückt und als glühend suggerirt. Es entsteht an der symmetrischen Stelle auf der rechten Schulter das Spiegelbild eines K mit scharfen Rändern."

Zum Vergleich folgender Versuch von Krafft-Ebing:

„Der Professor zeichnet mit dem Percussionshammer (in Gegenwart des Vereins der Aerzte in Steiermark) ein Kreuz 7 Cm. lang auf die Haut über dem Biceps des linken Armes und suggerirt der Patientin, dass am folgenden Tage daselbst um 12 Uhr ein rothes Kreuz erscheinen solle. Am folgenden Morgen um 11 Uhr tritt Jucken ein am rechten Oberarm. Die Untersuchung (um 12 Uhr) zeigt, dass am rechten Arm an ganz homologer Stelle, wie es am Vortag links markirt war, ein rothes 7 Cm. langes Kreuz mit theilweise durch Kratzen excoriirter Fläche zu sehen ist."

Zu den besten Versuchen dieser Art gehört das von Professor Lipp am 24. Februar mit derselben Person angestellte Experiment:

„In Gegenwart des Professors bekommt die Patientin (hypnotisirt von Prof. v. Krafft-Ebing) einen aus Zinkblech geschnittenen Metallbuchstaben K nach innen vom linken Schulterblatt auf die Haut gedrückt, und es wird ihr befohlen, dass morgen Nachmittag genau im Umfang der Platte eine blutrothe Hautfläche zu finden sein muss. Zugleich wird, um Reizeffecte zu vermeiden, suggerirt, es dürfe kein Jucken entstehen. Darauf wird der Thorax und Rücken von Prof. Lipp mittelst Gazebinde und Watte so gedeckt, dass die Suggestionsstelle absolut unzugänglich ist, der Verband 4mal versiegelt, ein Deckverband gemacht, dieser noch 2mal versiegelt und das benutzte Siegel von Professor Lipp mitgenommen. Patientin weiss offenbar nichts von den Vorgängen in der Hypnose, nachdem sie in den wachen Zustand zurückversetzt ist. — 25. Febr. 1888. Professor Lipp nebst zahlreichen Aerzten untersuchen den Verband, finden ihn sowie die Siegel unverletzt. An der suggerirten Stelle zeigt sich eine 5,5 Cm. lange, 4 Cm. breite, unregelmässig gestaltete Platte, an welcher die Hornschicht der Haut losgelöst und noch durch am Rande der blossgelegten Fläche liegende Fetzen erkennbar ist. An den Rändern ist diese Platte feucht, während der mittlere Theil von dem Rest der Hornschicht bedeckt ist, die sich sehr trocken anfühlt und gelblich aussieht. Die unmittelbare Nachbarschaft der Platte ist geröthet, von dem rechten Rand derselben geht ein 4 Cm. langer, 2 Cm. breiter Schenkel schief nach rechts unten, ein 3 Cm. langer Schenkel nach rechts oben. Auch auf diesen Schenkeln ist die Oberhaut gelockert, leicht abziehbar und nässt die unterliegende Hautschicht. Die Umgebung dieser Schenkel ist geröthet, jedoch ohne alle Spur von Entzündung. Dieser suggessiv erzeugte trophoneurotische nekrobiotische Process verheilt in einigen Tagen."

Das Verhältniss der suggestiven Einwirkung gegenüber der medicamentösen auf den Organismus wird deutlich illustrirt durch folgende Notiz v. Krafft-Ebing's:

„16. Februar 1888. In der Hypnose werden heute der Patientin 2 Esslöffel Ricinusöl als Champagner gegeben und es wird suggerirt, dass genau nach 48 Stunden (am 18. Febr.) ein geformter Stuhl eintreten müsse und inzwischen kein Stuhl erfolgen dürfe. 18. Febuar 1888. Präcis 9 Uhr früh erstmaliger und geformter Stuhl. Ein ähnlicher Versuch mit einer Injection von Pilocarpin hatte nicht denselben Erfolg, weil die Patientin sich direct der Eingebung widersetzte.

Aus den zahlreichen mitgetheilten Versuchen über Wärmeregulirung bei dieser Patientin erwähne ich folgenden:

„7. December 1887. In der Hypnose Suggestion Abends 9 Uhr 38,5 zu messen, am 8. Dec. früh 37,0. (Temp. Mittags 12 Uhr: 36,4, Abends 8 1/2 Uhr: 37,1). Um 8 3/4 Uhr zeigte das Thermometer 37,1 in der axilla, präcis 9 Uhr 38,5 — am 8. Dec. früh 37,0 auf neue Sugg. in Hypn. Abends 36."

Dass bei dieser Patientin die therapeutischen Suggestionen von präcisem Erfolg begleitet waren, ist nach vorstehendem erklärlich. Von den zahlreichen Notizen aus dem Krankenjournal hierüber möge hier folgende als Beispiel angeführt werden:

„26. December 1887. Heftige Diarrhöe mit Kolik. Versetzung in Hypnose, Suggestion: Diarrhöe höre auf und Bestellung von geformtem Stuhl auf Abends 8 Uhr. Patientin wird scharf überwacht. Abends 8 Uhr fester Stuhl, von 5 Aerzten controlirt."

Da nun ähnliche Versuche, auch solche der Wärmeregulirung und Pulsbeeinflussung mit demselben Erfolg angestellt wurden von FOREL, MABILLE, BOURRU, BUROT, BERNHEIM, BEAUNIS, FOCACHON, LIÉBEAULT, LIÉGEOIS, DUMONTPALLIER u. s. w., so ist es einer so vielseitig und so gut beglaubigten Thatsache gegenüber mit der einfachen Negation nicht mehr abgethan. Für die psychische Therapeutik wären solche Versuche bei häufigerer Wiederholung geradezu grundlegend; denn sie würden jedenfalls beweisen, dass der Einfluss der Vorstellungen und des Willens auf den Organismus nicht diejenigen engen Grenzen besitzt, die ihnen die heutige physiologische Anschauung zuweist.

In der genannten Arbeit v. KRAFFT-EBING's accepirt der Verfasser die landläufige Annahme, dass alle Hysterischen zu Täuschung und Simulation neigen, nicht. Er sagt (S. 4) „sie wird durch zahlreiche Ausnahmen widerlegt, fusst vielfach auf oberflächlicher Beobachtung und mangelhafter Sachkenntniss, indem man autosuggestive Selbsttäuschung mit absichtlichem Betrug verwechselt. — Ferner ist der Verfasser der Ansicht, dass Hypnose bei den meisten Menschen zu erzielen sei und dass die Suggestion besonders bei functionellen Nervenkrankheiten in der Therapie der Zukunft eine bedeutende Rolle spielen werde".

In unserem engeren Vaterlande nun kommt Dr. MOLL (Berlin) unstreitig das Verdienst zu, durch seinen Vortrag in der Berliner medicinischen Gesellschaft im November 1887 die Frage der Suggestiv-Therapie, der man — wie Professor EWALD in der Discussion selbst zugiebt — nicht mehr aus dem Wege gehen kann, angeregt zu haben. MOLL will bei über 1000 Versuchen zugegen gewesen sein, als Zeuge oder Experimentirender. Er machte seine Studien über diesen Gegenstand in Paris und Nancy, und wendet seitdem die Suggestion nach den Vorschriften BERNHEIM's bei seinen Patienten an. Verfasser dieser Zeilen hatte im vorigen April, während seines Aufenthaltes in Berlin, täglich Gelegenheit, den Versuchen des Dr. MOLL beizuwohnen. Die Suggestion wurde damals mit Erfolg angewendet bei hysterischer Aphonie, hysterischem Clavus, Ovarie, Cardialgie, Athetose, Neurasthenie, psychischer Impotenz, Pruritus cutaneus nervosus u. s. w. In der sich an MOLL's Vortrag schliessenden Discussion protestirt Professor EWALD entschieden gegen diese Art der ärztlichen Behandlung, „die jeder Schäferknecht, jeder Schuster und Schneider anwenden könne bei einigem Selbstvertrauen." Seine eignen, mit der BRAID'schen Methode angestellten Versuche sind unbefriedigend ausgefallen. Aehnlich spricht sich Professor MENDEL gegen das Verfahren aus, besonders wegen der damit verknüpften Gefahren. Er wandte entweder die BRAID'sche Methode oder die Suggestion im wachen Zustande (erstere z. B. bei hysterischer Taubstummheit mit Erfolg) an. Nur von diesem Standpunkte aus beurtheilt er die geringere Hypnotisirbarkeit der Berliner. Ausserdem scheut er sich vor den Täuschungen und Simulationen, denen man dabei nach seiner Ansicht oft ausgesetzt ist. (Vgl. Nr. 415, 417, 418, 442, 443.)

Die leichteren hypnotischen Stadien — wie BERNHEIM sie gezeigt — wurden, das geht klar aus der Discussion hervor, entweder von den Opponenten missachtet, oder sie waren ihnen unbekannt. Dasselbe gilt von der BERNHEIM'schen Methode der Einschläferung, der sie sich bisher wahrscheinlich noch nicht bedient hatten. — Es ist ebenfalls ein Verdienst des Herrn Dr. MOLL, an 9 geheilten Patienten (männlichen und weiblichen Geschlechts) sowohl privatim Herrn Professor EWALD, wie auch vor der psychiatrischen Gesellschaft in Berlin diese leichteren Grade in einer Weise demonstrirt zu haben, welche die Simulation unwahrscheinlich macht. Wenigstens fielen die mir bei verschiedenen Gelegenheiten gestatteten Proben zu Gunsten der Echtheit des hypnotischen Zustandes aus. Denn die in vielen Fällen krampfhaft nach oben rotirten Bulbi, der oft vorkommende Tremor der Lider beim Spasmus oculopalpebralis dürften schwer zu simuliren sein, wenigstens nicht für längere Zeit.

FOREL widerlegt die Einwände von EWALD und MENDEL in einem seiner letzten Aufsätze. Er weist mit Recht darauf hin, dass „auch jeder Schuster Morphiumeinspritzungen machen könne, und bezweifelt, dass von Laien ein so feines Reagens auf das Nervensystem, wie die Hypnose, ein Reagens, das unsere höchsten und feinsten Seelenthätigkeiten trifft, richtig und zweckmässig von den Schäferknechten gehandhabt werden könne". — Zur richtigen Anwendung der Hypnose gehören nach FOREL: medicinische und psychologische Kenntnisse und die Fähigkeit, Diagnosen zu stellen, — vor allem aber auch Uebung in der Anwendung des Verfahrens. (Vgl. Nr. 338.)

Da der therapeutische Erfolg in der ärztlichen Praxis eine grössere Rolle spielt, wie theoretische Erwägungen, so wird man, besonders bei Berücksichtigung der von zahlreichen anderen Aerzten erzielten Erfolge sich für die vorsichtige Anwendung des Verfahrens entscheiden. Die Gefährlichkeit der Hypnose hängt in den meisten Fällen von der Uebung des Arztes ab; und die Simulation ist zweifelsohne, heute wenigstens eine viel seltenere Erscheinung, wie Unkenntniss und mangelhafte Uebung der Aerzte den hypnotischen Proceduren gegenüber.

Endlich hat BERNHEIM wiederholt hervorgehoben, dass einerseits Hysterische — denn mit einer solchen erzielte Professor MENDEL einen Anfall durch Anwendung des BRAID'schen Verfahrens — das ungeeignetste Versuchsmaterial abgeben, dass andererseits die Suggestivbehandlung dieselben günstigen Resultate erzielt bei Nicht-Hysterischen.

Die Casuistik in der neueren medicinischen Literatur Deutschlands weist nun aber auch Erfolge anderer Aerzte mit der psychischen Heilmethode auf. So wendet Dr. SPERLING, Assistent des Herrn Prof. MENDEL, die Suggestion mit Erfolg an, wovon ich mich ebenfalls in Berlin überzeugt habe, und zwar bei Trismus, Diplopie und Paresen auf hysterischer Basis, bei einer Typhuslähmung mit Sensibilitätsstörungen auf der rechten Seite. Schon früher gelang es ihm, hysteroepileptische Anfälle durch hypnotische Behandlung zu coupiren.

SCHULZ (Braunschweig), NONNE (Hamburg) und FREY (Prag) berichten über Heilwirkungen der Suggestion bei Paraplegien, Hysteroepilepsie und Schlaflosigkeit. WEISSENBURG (Wien) beseitigte eine Trigeminusneuralgie auf dieselbe Weise und Dr. KÖNIGSHÖFER (Stuttgart) beobachtete günstige Resultate der Einwirkung im wachen und hypnotischen Zustand bei nervösen Augenleiden (einseitiger Blindheit, Lidkrampf, Asthenopie). „Nur müsse man sich hüten vor einer Stei-

gerung der neuropathischen Disposition." Auch Geheimrath Ritter
von Nussbaum (München; vgl. Nachtrag) hebt in einem Vortrage den
therapeutischen Werth des Hypnotismus bei Nervenkrankheiten hervor
und versucht die Anwendung desselben für chirurgische Zwecke. —
Nach Beendigung dieser Arbeit erschienen noch einige Berichte der
Aerzte Dr. Baierlacher (Nürnberg) und Dr. Sperling (Berlin) über
Erfolge mit der Suggestivbehandlung. Ersterer will sogar die subjec-
tiven Beschwerden in einem Fall von Magenkrebs wiederholt beseitigt
haben, und letzterer spricht auf Grund seiner Versuche (vgl. oben) die
Ueberzeugung aus, dass die schädlichen Folgen der Hypnose aus-
schliesslich auf eine unrichtige Behandlung des Hypnotiseurs zurück-
zuführen seien. Ebenso dürfte noch erwähnenswerth sein, dass Prof.
Schnitzler (Wien) eine Reihe von Larynxneurosen mit Hülfe des
Hypnotismus beseitigte, und dass Prof. Strümpell auf dem mittelfrän-
kischen Aerztetag in Nürnberg am 21. Juli 1888 die Wirkungen der
Suggestion demonstrirte bei einem Fall von grosser Hysterie. Die
Broschüre von Maak (vgl. Nachtrag), welche während der Drucklegung
dieser Arbeit erschien, macht den Leser in umfassenderer Weise, wie
viele andere erwähnte Schriften, mit den wichtigsten Erscheinungen
der Hypnose bekannt, und ist besonders Neulingen zu empfehlen.
(Vgl. Nr. 429, 433, 438, 444, 446, 449, 452, 453 und Nachtrag.)

So sehen wir auch in Deutschland das neue Heilverfahren immer
mehr Boden gewinnen. Und wenn einmal die Aerzte sich mehr mit
den hypnotischen Erscheinungen vertraut gemacht haben, so dürfte
die Aussicht berechtigt sein, dass die Suggestion, der man sich zwar
stets, niemals aber in der methodischen Weise Bernheim's bediente,
und die Hypnose unter den therapeutischen Mitteln diejenige dau-
ernde Aufnahme finden, die sie unzweifelhaft verdienen.

Aus dem vergleichenden Ueberblick über die Entwicklung der
hypnotischen Therapie in den verschiedenen Culturländern ergeben
sich einige in folgenden Sätzen zusammengestellte Schlussfolgerungen
für die praktische Anwendung:

1. Die zahlreichen mit dem neuen Heilverfahren in den verschiedenen Ländern angestellten, und der überwiegenden Mehrzahl
nach gelungenen Versuche bestätigen im Allgemeinen die Grundzüge
der Bernheim'schen Suggestionslehre. Die grosse Zahl der berichteten
Erfolge berechtigt weiter anzustellende Nachprüfungen vollkommen.

2. In der Hypnotisirbarkeit der den verschiedenen Nationen
angehörigen Patienten bestehen nicht so fundamentale Unterschiede,
dass sie nicht durch die Kunst eines in dieser Behandlung geübten

Arztes überwunden werden könnten. Dass Deutsche, Engländer,
Holländer und Schweden sich der mehr ausgeprägten Selbstständig-
keit ihres Charakters wegen schwerer hypnotisiren lassen, wie z. B.
die Franzosen und Italiener, ist nabeliegend. Nichtsdestoweniger gelang es Aerzten, wie Braid, Wetterstrand, van Renthergem und
Moll, diese Schwierigkeiten zu überwinden. Demnach darf dieses
Bedenken nicht principiell gegen die Anwendung des Verfahrens
sprechen.

3. Die unzweifelhaft mit den hypnotischen Proceduren verbundenen Gefahren werden in den meisten Fällen durch einen Mangel
an Uebung hervorgerufen. Ihre Hauptursache besteht darin, dass der
Modus faciendi nicht der Individualität des Patienten angepasst wird,
so dass bei schematischer Anwendung der Braid'schen Methode in
dem einen Fall bei einem kräftigen Mann eine gute und ungefähr-
liche Hypnose, in dem anderen aber bei einer Hysterischen ein Anfall hervorgerufen werden kann.

Je nach der Individualität des Patienten richte man den Modus
faciendi und die Suggestion; erst wenn die Einwirkung im wachen
Zustand nicht genügt, rufe man leichtere hypnotische Grade hervor und versäume dabei niemals die energische Aufforderung, dass
Patient sich nach dem Erwachen wohl befinde. Bei Anwendung der
Suggestion berücksichtige man die Vorschriften von Bernheim, Fontan und Forel; man wird dann verhältnissmässig ebensowenig Un-
fälle zu verzeichnen haben, wie der geübte Chirurg dem ungeübten
Studenten gegenüber.

4. Man möge die Behandlung mit Hypnose und Suggestion nur
in solchen Fällen vornehmen, in denen entweder jedes andere therapeutische Verfahren sich als nutzlos erwiesen hat, oder in denen die
mit der Hypnose verknüpften Gefahren unverhältnissmässig geringer
anzuschlagen sind, wie die eventuell mit einer anderen Heilmethode
verbundenen Schädlichkeiten für den Organismus. So wird in gewissen Fällen von Herzschwäche der Hypnose als Schlafmittel vor
Morphium und Chloral der Vorzug zu geben sein.

5. In erster Linie dürfte die Anwendung des Suggestivverfahrens sich empfehlen bei functionellen Störungen des Nervensystems,
einem Gebiet, auf dem in fast allen Ländern gleichmässig Erfolge
erzielt wurden. Bei neuropathischer Disposition wird man im Stande
sein, durch Beseitigung lästiger Symptome den Patienten bedeutende
Erleichterung zu verschaffen und etwaige Recidive ebenso zum
Verschwinden zu bringen. — Was die interessanten Versuche bei
Menstruationsanomalien, Gelenkrheumatismen, organischen Störungen

des Nervensystems betrifft, so kann erst eine öftere Wiederholung derselben in der Zukunft die Frage des „Für und Wider" zum Abschluss bringen.

Die Versuche im Münchener Krankenhause.

Im Nachfolgenden sind einige Fälle mitgetheilt, die mir Dank dem freundlichen Entgegenkommen des Hrn. Geheimrath v. Ziemssen für hypnotisch-therapeutische Versuche zur Verfügung gestellt wurden. Das dabei von mir eingeschlagene Verfahren richtete sich nach den im vorigen Kapitel aufgestellten Regeln. Die Versuche fanden in einem Separatzimmer des klinischen Institutes, grösseren Theils in Gegenwart eines der Herren Assistenten statt. Nur bei einem Patienten (Fall 14) wurde die Hypnotisirung mehrmals im Krankensaal vorgenommen. — Die zur Erzeugung des Schlafes angewendete Methode bestand in einer wenige Minuten dauernden Fixation (eines Bleistiftes, Ringes, Fingers u. s. w.). Andere Manipulationen, namentlich die sogenannten „mesmerischen Striche" vermied ich absichtlich im Interesse der Reinheit des hypnotischen Verfahrens, um zu zeigen, dass die von vielen behauptete, aber noch unaufgeklärte „Force neurique" wenigstens bei unserer Behandlung keine Rolle spielte. Da es uns hauptsächlich darauf ankam, die Wirkung der hypnotischen Suggestion zu beobachten, so wurde die Suggestion im wachen Zustand nur ausnahmsweise angewendet.

Obwohl die erforderliche Ruhe durch Arbeiten im Nebenzimmer und Geräusche auf dem Gange oft gestört war, gelang doch die Hervorrufung leichterer Stadien bei der Mehrzahl der Patienten.

Nachdem dieselben in einem bequemen mit der Rückseite dem Lichte zugekehrten Lehnstuhl Platz genommen hatten und über den Zweck des Versuches unterrichtet waren, ersuchte ich sie, fest an den Schlaf zu denken. Ich liess dann meinen Finger oder Ring in einer Entfernung von etwa 10—15 Cm. oberhalb der Nasenwurzel so fixiren, dass die Bulbi nach oben und einwärts gekehrt waren. Zugleich begann ich nach der Vorschrift Bernheim's durch ruhige Worte ihre Vorstellung auf den Eintritt des Schlafes hinzulenken, und suggerirte stets das Unvermögen die Augen länger offen halten zu können. Sobald sich die Lider schlossen, drückte ich die Augen zu und fuhr fort, durch Suggestion den Zustand zu vertiefen. Dann ging ich über auf die wohlthätige Wirkung dieser Procedur für den betreffenden Krankheitszustand und machte die therapeutische Suggestion. In keinem Fall wurde die energische Aufforderung versäumt, dass das Befinden der Patienten nach dem Erwachen ein gutes sei; ebenso Suggestion fröhlicher Stimmung und des energischen Willens, gesund zu werden. Automatisches Nachsprechen der Patienten verstärkte in einigen Fällen die Wirkung.

Wie der Arzt oft genöthigt ist, subjective Beschwerden der Patienten bei nicht nachweisbarer physikalischer Grundlage glauben und behandeln zu müssen, so waren auch wir bei der ambulatorischen Behandlung und den nur functionellen Störungen der meisten Patienten lediglich auf die Mittheilungen derselben über ihr Befinden angewiesen.

Von 14 zur Verfügung gestellten Patienten (4 männl., 10 weibl. Geschlechts) lehnten 3 Personen (2 männl., 1 weibl.) mit Entschiedenheit die hypnotische Behandlung von vorn herein ab. Die übrigen 11 Personen wurden beeinflusst. 2 von diesen jedoch, bei denen eine längere Behandlung nöthig gewesen wäre, konnten nur 2 mal hypnotisirt werden, und ein Dritter nur einmal, so dass eine systematische Durchführung des Verfahrens nur bei S Patienten möglich war; zu diesen kommt noch ein Fall aus meiner Privatpraxis. Von den 9 Patienten wurden 5 als geheilt, 4 als gebessert entlassen. Sämmtliche Versuche fanden Mittags zwischen 11 und 1 Uhr statt, und zwar nur bei Fall 15 in meiner Wohnung.

1) Walpurga S., Magd, 18jährig, weder hereditär belastet, noch durch Krankheiten in der Jugend. Nach Angabe der Schwester rief ein an Patientin mit Erfolg vorgenommener Nothzuchtversuch hohe Erregung hervor. Steigerung derselben durch Vorwürfe der Schwester. Schlaflosigkeit und verkehrte Handlungen veranlassten ihre Herrschaft, Walpurga ins Krankenhaus zu senden.

Pupillen reactionslos, sonst nichts Auffallendes. An der Vulva Erosionsgeschwüre, aus der Vagina entleert sich dickrahmiges Secret in Menge.

Patientin liegt soporös im Bett, reagirt nicht auf Anreden. Nach 6 Tagen (am 8. April 1885) antwortet Patientin zum ersten Mal auf Fragen, sonst höchstens „Ja" und „Nein". Hie und da ein blödes Lächeln. Einmal setzte Patientin sich auf das Bett der Nachbarin und blieb dort lange sitzen, sonst kein Verkehr mit den Patientinnen. Wahnideen und Hallucinationen nicht feststellbar wegen Verweigerung der Antwort.

Diagnose: Psychose.

Behandlung: Eisblase, Faradisation, Bäder, Douchen, Sublimatausspülungen, Laxantia u. s. w. Zustand bleibt unverändert.

5. Mai 1885. Hypnotischer Versuch nach beschriebener combinirter Methode.

Walpurga wird somnolent. Puls steigt während Fixation von 68 auf 84. Suggestion: Lebhaftigkeit und Beantwortung der Fragen.

Patientin schläft gegen ihre Gewohnheit Mittags nach dem Versuch, sonst keine Veränderung in ihrem Benehmen.

6. Mai 1888. Verfahren wie am 5. Mai. Patientin ist nicht im Stande, die Lider zu öffnen. Puls ohne Veränderung. Suggestion wie gestern. Müdigkeit nach dem Erwachen. Stupor besteht fort. Patientin wird von ihrer Mutter in die Heimath geholt.

2) Limbert W., Maurer, 32 Jahre alt, leidet an Laryngitis cath. acut. Anamnese zeigt nichts Besonderes. Schlaf gut.

Die vor der genaueren Untersuchung vermuthete functionelle Störnng der Kehlkopfmuskeln war Veranlassung zu einem hypnotischen Versuch am 10. Mai 1888. Verfahren wie oben. Nach wenigen Minuten besteht Unvermögen die Lider zu öffnen. Suggestivkatalepsie und automatische Drehbewegung vorhanden (vgl. oben BERNHEIM).

Suggestion: Besserung des Schmerzes, reine Stimme. Patient hat nach dem Erwachen Erinnerung, weiss aber von der Drehbewegung nichts, fühlt eine gewisse Schwere im Kopf, Schmerzen und unreine Stimme vorhanden.

Die nunmehr angestellte Untersuchung lässt eine Inbalationscur angezeigt erscheinen.

3) Heinrich L., Landarbeiter. Rheumat. art. ped. dextr. Schwellung und Schmerzhaftigkeit am Gelenk.

Patient ist principiell gegen eine hypnotische Behandlung; daher wird der Versuch aufgegeben.

4) Max W., Gerichtsvollzieher. Rheumat. artic. acut. Myodegeneratio. Atheromatose. Obstipation, Appetit- und Schlaflosigkeit seit langer Zeit.

Patient hat in einem Tagesblatt über Gesundheitsschädigung durch Hypnotisiren gelesen und will nichts von unseren Vorschlägen wissen.

Der Versuch wird aufgegeben.

5) Franciska K., Magd, leidet an: Cardialgie, Kopfweh, Schwindel. Seit 8 Tagen ambulatorisch behandelt.

Geistige Präoccupation und Befürchtung einer Operation nötbigen uns zur Einstellung des Versuches.

6) Maria B., 19jährig, Magd, leidet an Hysterie. Stimmbandparese und Schmerz im linken Hypochondrium. Patientin befindet sich in der Anstalt, wird am 5. Mai 1888 von Herrn Dr. F. hypnotisirt, in meiner Gegenwart, nach der oben erwähnten Methode. Nach einigen Minuten besteht Unvermögen, die Lider zu öffnen und die Arme zu heben. Suggestivkatalepsie, Pupillen nach oben und innen. Puls steigt während der Einschläferung von 110 auf 134, fällt nach 10 Minuten auf 108—112. Durch Suggestion wird die Stimme der Patientin im Schlaf vorübergehend klangvoll.

Suggestion quoad Stimme und Befinden. Nach dem Erwachen (wie in allen Fällen durch Aufforderung dazu und Anblasen) gutes Befinden, aber klanglose Stimme. Patientin schläft, nachdem sie in den Saal zurückgekehrt ist.

6. Mai 1888. Hypnose nach BRAID'scher Methode durch Dr. F. in meiner Abwesenheit. Fixation von 20 Minuten Dauer ruft Schlaf hervor. Nach dem Erwachen Amnesie. Patientin ist nicht im Stande, sich über den Ort zu orientiren, an dem sie sich befindet.

Patientin verlässt die interne Abtheilung des Krankenhauses, um sich einer Operation zu unterziehen. Daher Einstellung der Versuche.

7) Maria Sch., Magd, 30jährig. Krankheit: Hysterie. Eltern an Lungenleiden gestorben. Patientin gesund bis zum 19. Jahr, dann traten Krämpfe in den Gliedern, Fieber und manchmal geistige Verwirrung auf. Im 23. Jahr Gehirntyphus. Einige Jahre später Gelbsucht. Seit 3 Wochen wiederum Anfälle in Folge von Aufregung mit Bewusstseinsverlust, aber nur beim Umfallen. Gefühl der Einschnürung nach dem Erwachen und Schreiparoxysmen. Schwindelanfälle seit Jahren bestehend. Appetit nur für bestimmte Speisen. Stuhl und Menses gehörig.

Erste Untersuchung ruft heftige Zwerchfells- und Weinkrämpfe hervor. Druck in der Ovarialgegend erzeugt Streckkrämpfe der Rumpfmusculatur.

Während der Spitalbehandlung (vom 4. April bis 11. Mai 1888) oft Leibschmerz, Stechen auf der Brust, Schwindel, Beklemmung, Uebelkeit. Elektrisiren ruft eine erythemartige diffuse Röthe am Hals, den oberen Theilen der Brust, des Rückens und am Abdomen hervor, die nach 10 Min. schwindet.

Behandlung mit Elektricität, Bädern u. s. w.

Am 11. Mai 1888 meliorata dimissa.

5. Mai 1888. Erster hypnotischer Versuch. Somnolenz. Puls 136. Patientin ist aufgeregt. Suggestion: Gutes Allgemeinbefinden. Schlaf nach der Procedur Mittags und Nachts gut.

Erinnerung vorhanden.

6. Mai 1888. Zweite Hypnose durch Fixation und Verbalsuggestion. Puls vorher 88, nachher 92. Unvermögen die Lider zu öffnen, nach wenigen Minuten. Suggestion: Verschwinden der Intercostalneuralgie. Auf Wunsch des Herrn Dr. F. werden der Patientin schlechter Appetit für diesen Tag in Aussicht gestellt und dyspeptische Beschwerden.

Patientin will Brechneigungen verspürt haben. Appetit soll gering gewesen sein.

Erinnerung vorhanden. Neuralgie verschwunden.

16. Mai 1888. Patientin wird seit dem 11. Mai ambulatorisch behandelt, klagt über Müdigkeit, Ohnmachten, Stechen in der rechten Seite, schlechten Appetit und Schlaf.

Hypnotisirung wie oben.

Unvermögen die Lider zu öffnen, Suggestivcontractur und Analgesie. Puls ohne Veränderung. Respiration 40.

Suggestion: Gutes Allgemeinbefinden.

Nach dem Wachwerden fühlt sich Patientin wohl, kann sich spontan nicht an die Vorgänge im Schlaf erinnern, wohl aber auf einfache Affirmation (vgl. BERNHEIM oben).

17. Mai 1888. Seit gestern bedeutende Besserung. Keine Müdigkeit, kein Schwindel mehr, ruhige Stimmung.

Einschläferung wie gestern.
Puls vorher und nachher 90.
Respiration vorher 16, nachher 32.
Exspirium verlängert, Uebererregbarkeit der Muskeln auf mechanische
Reize existirt nicht. Sehnenreflexe normal. Conjunctivalreflex erhalten,
aber es besteht Analgesie. Pupillen nach oben und einwärts gerichtet.
Katalepsie auf Suggestion vollkommen. Flexibilitas cerea. Auch com-
plicirte Fingerstellungen werden beibehalten.
Pulsverlangsamung durch Eingebung misslingt.
Suggestion: Andauernder Fortschritt besseren Befindens.
Erinnerung nach dem Erwachen erhalten. Befinden gut. Versuch
posthypnot negativer Hallucination misslingt.

Ob die Besserung dauernd war, lässt sich nicht angeben, da
Patientin seitdem das Ambulatorium nicht mehr besuchte.

8) Crescenz E., 20 Jahre alt, leidet an hysterischer Aphonie.

Seit dem 13. Jahr ist Patientin nervenschwach. Fast jedes Jahr war
sie angeblich halsleidend. Seit 6 Monaten ist ihre Stimme völlig klang-
los. Auf Elektrisiren bekam Patientin nur vorübergehend die Stimme
mit vollem Klang wieder; stets war längstens am folgenden Morgen dieselbe wieder verfallen. Eltern und Geschwister gesund, Stuhl obstipirt,
Abdomen druckempfindlich, Herz und Lungen normal, Stimme ganz aphonisch, Appetit schlecht, Schlaf unruhig, zeitweise Kopfweh. Vom 20. bis
30. Mai 1888 befand Patientin sich in der Anstalt und wurde täglich mit
Faradisation, kalten Bädern, Douchen u. s. w. behandelt.

Am 22. Mai wird die Stimme durch Faradisation für einige Minuten
klar, sonst war diese Behandlung ohne jeden Erfolg.

Am 11. Mai 1888 besuchte Patientin das Ambulatorium, angeblich
brauchte sie Morphiumpräparate um schlafen zu können. Appetit schlecht,
diverse Schmerzen. Vollständige Aphonie.

Erster hypnotischer Versuch; durch combinirte Methode Schlaf in
einigen Minuten erzielt. Puls unverändert. Energische Suggestion:
Laut Vocale zu sprechen. Patientin spricht im Schlaf mit vollem Stimmklang Vocale nach. Die Stimme wird schliesslich ganz rein und laut.
Dieser Zustand bleibt auf Suggestion auch nach dem Erwachen fortbestehen. Aber bereits am folgenden Morgen, am 12. Mai 1888, ist die
Stimme wieder verfallen. Wiederholung des Verfahrens von gestern. Crescenz E. spricht wiederum mit Klang, aber am 13. Mai früh ist die Flüster-
stimme wieder vorhanden.

Erinnerung nach dem Erwachen.

23. Mai 1888. Dritter hypnotischer Versuch. Suggestion quoad
Stimme wie sonst.

Für den 23. Mai hat die Stimme ihren Klang, ist am 24. Mai 1888
wieder verfallen. Durch längere Fixation wird der hypnotische Zustand
an diesem Tage vertieft.

Patientin wird somnambul, phantasirt, weiss ihren Namen nicht mehr.
Suggestion: Klangvolle Stimme, die auch für den folgenden Tag vorhalten
soll (war bisher trotz Suggestion nicht gelungen). Nach dem Erwachen

ist Patientin im Stande, laut Vocale zu sprechen. Völlige Amnesie, Müdigkeit. Nach Rückkehr in den Krankensaal mehrstündiger Schlaf.

25. Mai 1888. Zum ersten Mal seit 6 Monaten ist Patientin im Stande, nach dem Aufwachen laut zu sprechen. Wiederum Einschläferung mit länger andauernder Fixation. Puls vorher und nachher 88. Respiration steigt von 16 auf 28.

Erregbarkeit der Muskeln und Nerven normal, ebenso Sehnenreflexe (z. B. der Patellarreflex), Sensibilität herabgesetzt, Analgesie, Conjunctivalreflex erhalten. Pupillen nach oben gekehrt. Leichte Suggestivkatalepsie. Suggestion quoad Stimme u. s. w. wie sonst.

Patientin phantasirt, ist schwer zu erwecken. Trotz Eingebung befindet Patientin sich nach dem Erwachen nicht gut. Völlige Amnesie. Klangvolle Stimme.

Patientin schläft im Krankensaal alsbald ein, und soll nach Angabe der Schwestern mehrere Stunden Phantasien und Krämpfe gehabt haben.

26. Mai 1888. Patientin ist wieder aphonisch.

Einschläferung mit Ausschluss jeder Fixation nur durch Suggestion. Ruhiger Schlaf und leichtes Erwachen, jedoch volle Erinnerung. Stimme klangvoll auf Suggestion. Da Patientin über seit Morgens bestehenden Gesichtsschmerz klagt, so wird ihr in einer sofort ebenfalls nur verbal herbeigeführten Hypnose der Schmerz erfolgreich wegsuggerirt. Ruhiger Nachmittagsschlaf ohne Phantasien und Krämpfe.

27. Mai 1888. Der Eingebung zufolge ist Patientin im Stande, laut zu sprechen. Klage über unruhigen Nachtschlaf, Appetitmangel. Die heutige und alle folgenden Hypnosen werden rein verbal herbeigeführt. Suggestion im Schlaf: Besserung von Appetit und Schlaf, Fortbestehen der klangvollen Stimme. Patientin schläft heute so tief, dass weder Suggestion noch Anblasen zum Erwecken genügen. Sie wird schlafend in den Saal transportirt, in ihr Bett gelegt, und dann von mir durch Abreiben des Gesichts mit einem nassen Schwamm erweckt. Völlige Amnesie, aber gutes Befinden.

28. Mai 1888. Patientin ist noch im vollen Besitze ihrer Stimmmittel. Nachtschlaf war besser wie gewöhnlich, Appetit schlecht.

Hypnose und Suggestion wie gestern. Erwachen leicht durch Anblasen.

Patientin hat eine Operation am Fuss durchgemacht; sie hält die häufig auftretenden Schmerzen für die Ursache des gestörten Schlafes.

29. Mai 1888. Stimme erhalten. Hypnose und Suggestion wie sonst. Amnesie.

Mehrstündiger guter Nachmittagsschlaf durch Eingebung erzielt.

30. Mai 1888. Stimme erhalten. Befinden besser.

Verfahren wie sonst. Amnesie.

1. Juni 1888. Voller Stimmklang vorhanden. Appetit und Schlaf sind gebessert.

Verfahren wie am Tage zuvor.

2. Juni 1888. Stimme erhalten. Eine kleine Nachoperation am Tage zuvor hat der Patientin grosse Erleichterung verschafft. Gutes Allgemeinbefinden, ebenso Schlaf tief und ruhig, Appetit besser.

Hypnotisirung wie oben. Suggestion: Andauer des Stimmklanges und des guten Allgemeinbefindens. Unmöglichkeit einer Recidive.

Da Patientin am heutigen Tage in ihre Heimat zurückreist, so wird sie ersucht, nach 14 Tagen über ihr Befinden schriftlich zu berichten. Ihrer Zusage gemäss theilt Crescenz E. mit, dass weder ihre Stimme noch ihr Allgemeinbefinden irgend etwas zu wünschen übrig lassen. Nach 6 Wochen bestätigt ein zweiter Brief, dass die Stimme erhalten ist. Dieselbe Nachricht kommt nach 2 Monaten.

Die hypnotische Behandlung war hier von Erfolg begleitet, während andere Mittel sich als nutzlos erwiesen. Für uns war dieser Fall eine Mahnung zur Vorsicht bei Anwendung der Braid'schen Methode.

9) Therese E., 24 Jahre alt, Magd.

Patientin will 2 mal Rippenfellentzündung durchgemacht haben, und wegen eines Herzleidens, später wegen Blutbrechen in ärztlicher Behandlung gewesen sein. Seit 3 Wochen besteht bei Patientin Stechen auf der linken Seite, Husten und Kopfweh. Appetit schlecht. Vater starb an einem Herzleiden. In der mittleren linken Axillarlinie findet sich eine druckempfindliche Stelle ohne Schwellung. Die Schmerzen strahlen von der Wirbelsäule gegen das Sternum aus, dem Verlauf der Rippen entlang. Herz und Lungen gesund.

Diagnose: Hysterie.

Behandlung mit trockenen Schröpfköpfen, Natr. salyc., Eisblase, Bädern, kalten Uebergiessungen, Tinct. Valer. und Asa foetid. Vorübergehende leichte Besserung. Vom 16. Mai 1SSS bis zum 2S. befand Patientin sich im Krankenhause. Von da an wird sie ambulatorisch weiter behandelt.

Am 26. Mai 1SSS ersuchte mich Herr Dr. F., durch hypnotische Suggestion: 1. die Schmerzen der Patientin zu nehmen, 2. ihr den Austritt aus dem Krankenhause nahe zu legen.

Verfahren wie oben. Nach wenigen Minuten ist Therese E. nicht mehr im Stande, die Augen zu öffnen.

Suggestionen wie gewünscht. Pupillen stehen nach oben. Puls unverändert. Respiration 24. Nach dem Erwachen volle Erinnerung, nur geringe Besserung der Schmerzen. Zweite Hypnose: Wiederholung der Aufträge. Schmerz nach dem Erwachen gebessert.

Patientin sucht nicht um ihren Austritt nach, wird am 2S. Mai entlassen.

29. Mai 1SSS. Klage über Schmerzen und Herzklopfen, Appetitlosigkeit und unruhigen Schlaf.

Mit Bezug auf diese Beschwerden Suggestion in der Hypnose. Schmerz nach Erwachen besser. Erinnerung vorhanden.

30. Mai 1SSS. Befinden der Patientin seit der gestrigen Behandlung gebessert. Schlaf tiefer, Appetit grösser.

Suggestion in der Hypnose:

Verschwinden des Schmerzes bis Freitag den 1. Juni. Besserung des Allgemeinbefindens.

1. Juni 1SSS. Schmerz im Ganzen verschwunden, nur noch zeitweise wird ein leichtes Ziehen empfunden.

Appetit und Schlaf vollkommen zufriedenstellend.

Es wird der Hypnotisirten völliges Verschwinden der noch vorhandenen Beschwerden und Fortdauer der Besserung suggerirt. Nach dem Erwachen Wohlbefinden und Erinnerung. 2. Juni 1SSS. Patientin ist völlig wohl, hat keine Klagen mehr. Es wird ihr in der Hypnose heute fortdauerndes gutes Befinden ohne Rückfall anbefohlen.

Patientin wird als geheilt entlassen.

10) Philomela R., 22jährige Näherin, leidet an Scrophulose und Hysterie.

Mutter der Patientin soll an Magenkrebs gestorben sein. Philomela war vor 2 Jahren wegen Lungenleiden im Krankenhause. Periode regelmässig. Appetit gut. Stuhl etwas obstipirt. Vor einem halben Jahre hatte Patientin zum ersten Male einen epileptiformen Anfall; dann folgten noch im Ganzen S Anfälle und zwar der letzte vor wenigen Tagen. Psychische Alteration wird als Ursache zum Ausbruch angesehen. Vorher tritt Herzklopfen ein. Patientin fühlt stets deutlich das Herannahen. In ihrer Familie kommt Aehnliches nicht vor.

Herzdämpfung überschreitet um einen Querfinger den linken Sternalrand. Spitzenstoss innerhalb der linken Mamillarlinie. Zweiter Aortenton gespalten. Nirgends Druckempfindlichkeit. Die übrigen Befunde negativ. Während des Aufenthalts im Spital wiederholtes Kopfweh und öftere Schlaflosigkeit.

Behandlung mit warmen Bädern, Tinct. Val., Bromnatr., Jodkali. Am 23. November 1SS7 im Bade ein epileptischer Anfall, der sich bis zum 7. Januar 1SS8 nicht wiederholt. An diesem Tage meliorata dimissa.

Am 5. Mai 1SSS wird Philomela R., die seit einiger Zeit das Ambulatorium besucht, mir zur hypnotischen Behandlung übergeben.

Sie klagt über Appetit- und Schlaflosigkeit, Aufregungszustände, diverse Schmerzen (besonders des Kopfes), aufregende Träume, öftere Krämpfe, Mattigkeit und Unfähigkeit zur Arbeit.

Jetzt trete genau periodisch alle 4 Wochen ein grosser Anfall auf; jede Aufregung aber rufe bei ihr leichtere Krampfzustände hervor.

Die angewendeten Behandlungsmethoden waren entweder ohne Wirkung oder hatten nur vorübergehenden Erfolg.

Am 5. Mai 1SSS erstmalige Hypnotisirung. Kurz andauernde Fixation mit eindringlicher Verbalsuggestion rufen nach wenigen Minuten in der Patientin das Unvermögen hervor, die Augen zu öffnen und die Arme zu heben. Besserung ihrer Beschwerden wird suggerirt. Nach dem Erwachen Wohlbefinden, aber etwas Müdigkeit. Erinnerung vorhanden. Patientin schläft Nachmittags gegen ihre Gewohnheit und in der folgenden Nacht gut.

Am 6. Mai 1SSS. Befinden nicht gut.

7. Mai 1SSS. Zweite Hypnose. Puls vor dem Einschlafen 102, voll gespannt, nach dem Einschlafen 92, weich und regelmässig, nach 10 Minuten S4—SS.

Suggestion: quoad Schlaf, Appetit und Allgemeinbefinden wie gestern.

Wohlbefinden nach dem Erwachen, Müdigkeit, volle Erinnerung.
8. Mai 1888. Appetit besser, Schlaf noch unruhig. Krämpfe sind
nicht mehr eingetreten. Einschläferung durch blosse Verbalsuggestion in
einer Minute. Suggestion wie gestern.

Puls vor Eintritt der Hypnose 112, nach Eintritt 100.
Suggestive Verlangsamung der Herzthätigkeit wurde ohne Erfolg versucht. Respiration mässig beschleunigt. Erinnerung nach dem Erwachen
undeutlich.

10. Mai 1888. Vom 8. auf den 9. Mai vortrefflicher Nachtschlaf,
vom 9. auf den 10. Mai wieder unruhig. Schmerzen nicht mehr vorhanden, Appetit im Zunehmen begriffen.

An diesem Tag trat, während Patientin im Ambulatorium wartete,
ein heftiger epileptischer Anfall auf mit tonischen und klonischen Krämpfen. Bewusstseinsverlust. Puls klein und unregelmässig. Auf Wunsch
der Aerzte wird an diesem Tage kein hypnotischer Versuch vorgenommen.

11. Mai 1888. Schlaf, wie immer nach Anfällen, in der vergangenen
Nacht gut. Sonst status quo ante. Suggestion wie am 5. Mai. Erinnerung vorhanden.

12. Mai 1888. Besserung schreitet fort. Hypnose heute ohne Erinnerung (Somnambulismus).

14. Mai 1888. Schlaf fortdauernd gut, Appetit ebenfalls. Schmerzen
nicht mehr wiedergekehrt. Suggestion in der Hypnose: Fortbestehen der
Besserung, Aufhören der psychischen Unruhe. Erinnerung nach dem Erwachen getrübt, Befinden gut.

16. Mai 1888. Patientin klagt nur über Mattigkeit, hypnotische
Suggestion dementsprechend. Amnesie und Wohlbefinden nach dem Erwachen.

18. Mai 1888. Patientin befürchtet im Lauf der kommenden 8 Tage
einen kleineren Anfall, der gewöhnlich nach 8—14 Tagen auf den grösseren
folge. Aufregung verschwunden. Energische Suggestion in Hypnose: Ausbleiben des Anfalles und Fortdauer des Wohlbefindens. Suggestivkatalepsie besteht, Analgesie. Respiration etwas vertieft und beschleunigt.
Dem in der Hypnose gegebenen Auftrag, posthypnotisch eine bestimmte
Frage an den im Ambulatorium befindlichen Arzt zu richten, kommt Patientin pünktlich nach. Amnesie.

22. Mai 1888. Befinden seit dem 18. Mai gut.
Puls vor der Hypnose 90. Nach Eintritt derselben 95. Suggestion:
Verlangsamung, sofort 92. Steigt dann auf 96. Suggestion: Verlangsamung,
fällt sofort auf 92. Steigt dann auf 96—100. Obwohl ganze Minuten
für die Bestimmung genommen wurden, sind die Differenzen zu gering,
um beweisend sein zu können.
Suggestion quoad Befinden wie am 18. Mai.

25. Mai 1888. Gefühl von Unruhe, sonst Wohlbefinden.
Puls vor Hypnose: 84, mittel voll, nicht besonders weich, gleichmässig
in Frequenz und Qualität. Puls nach Eintritt der Hypnose: in Frequenz
und Qualität unverändert.
Respiration tiefer, Exspirium länger.
Schmerzempfindung herabgesetzt, Patellarreflex normal. Uebererregbarkeit der Muskeln besteht nicht. Beschleunigung der Herzthätigkeit

auf Suggestion gelingt nicht. Dagegen wird ein Auftrag posthypnotisch vollzogen. Therapeutische Eingebung wie sonst. Amnesie nach dem Erwachen.

28. Mai 1888. Befinden vollkommen zufriedenstellend. Krämpfe sind ausgeblieben. Suggestion in der Hypnose wie sonst.

29. Mai 1888. Starke geistige Erregung am gestrigen Tage rief Nachmittags leichte Krämpfe im rechten Arm mit Uebelkeit, Angstgefühl hervor. Bewusstsein erhalten. Einleitung der Hypnose auf die bekannte Art. Energische Suggestion: Ausbleiben solcher Anfälle und Wohlbefinden.

1. Juni 1888. Nichtsdestoweniger trat am 30. Mai wieder ein leichter Krampf ein (wie beschrieben), während dessen Patientin nicht sprechen kann. Versetzung in Hypnose. Suggestion quoad Krämpfe und Allgemeinbefinden.

4. Juni 1888. Befinden gut. Hypnose und Suggestion wie oben.

6. Juni 1888. Anfälle sind ausgeblieben, indessen erwartet Patientin am 8. Juni den 4 wöchentlichen grossen epileptischen Anfall. Sonst Befinden gut. Einschläferung wie gewöhnlich. Energische Suggestion: Ausbleiben des Anfalles.

7. Juni 1888. Suggestion vom 6. Juni in der Hypnose wiederholt. Befinden bis jetzt gut.

8. Juni 1888. Am Morgen dieses Tages ein ganz leichter Krampf im rechten Arm. Erhaltenes Bewusstsein. Dauer: wenige Minuten.

Suggestion: Bestimmter Glaube, dass der erwartete Anfall ausbleibe, und dass es mit dem heutigen leichten Krampf sein Ende habe. Fröhliche und zuversichtliche Stimmung.

Nach dem Erwachen sind die Befürchtungen der Patientin geschwunden. Fröhliche Stimmung und Wohlbefinden vorhanden.

9. Juni 1888. Epileptischer Anfall ist ausgeblieben.

Hypnose und Suggestion wie am 8. Juni.

13. Juni 1888. Allgemeinbefinden nach wie vor gut. Nur leidet Patientin an Zahnweh in Folge eines cariösen Backenzahnes.

Hypnose und Suggestion wie sonst.

14. Juni 1888. Zahnweh ist stärker geworden, unruhige Nacht, leichte Krämpfe.

Hypnotisirung nach der combinirten Methode.

Suggestion: Befehl, sich unmittelbar nach dem Erwachen den Zahn freiwillig ausziehen zu lassen. Schmerz bei der bevorstehenden Operation wird gering sein, ein Anfall wird in Folge dessen nicht auftreten (Befürchtung der Aerzte). Fröhliche Stimmung, muthiges Benehmen und Fortdauer des Wohlbefindens.

Patientin ist nach dem Erwachen amnestisch, lässt sich ohne besondere Schmerzempfindung muthig den Zahn ziehen. Ein Anfall tritt nicht auf.

Philomela R. wird an diesem Tage als gebessert aus meiner Behandlung entlassen. Obwohl bei der Kürze der Behandlung die Krämpfe noch nicht beseitigt werden konnten, ist doch das Allgemeinbefinden durch dieselbe soweit geändert, dass Patientin ihrer

Arbeit nachgehen kann. Es ist nach Vorstehendem jedoch alle Aussicht vorhanden, dass eine fortgesetzte Suggestivbehandlung sowohl die Anfälle ganz zum Verschwinden bringen, wie auch etwa eintretende Recidive beseitigen kann. Die neuropathische Disposition der Patientin ist durch das Verfahren nicht gesteigert worden.

11) Amanda B., 20jährige Magd, litt im März dieses Jahres an Otitis media cath. chron. und war vom 11. März bis 21. April 1888 im Krankenhause. Seitdem wird sie ambulatorisch fortbehandelt.

Patientin will vor 3 Jahren auf die linke Hüfte gefallen sein und sich den Oberschenkel verrenkt haben. Treppensteigen und Gehen sind seitdem erschwert. Sie leidet an Magenkrämpfen, häufigem Kopfweh, Obstipation. Appetit und Schlaf sind gut. Patientin ist sehr anämisch und in der Entwicklung etwas zurückgeblieben. Herz und Lungen sind gesund.

Am 7. Mai 1888 wird mir Amanda B. zur Suggestivbehandlung überwiesen. Die Otitis war bereits beseitigt; aber Patientin hatte Klagen über Schmerzen in den Füssen und Gelenken, über Mattigkeit, Schwindel- und Ohnmachtsanfälle, über schlechten Appetit. Schlaf gut, Stuhl regelmässig. Menses stets 8 Tage andauernd, stark und profus. Ausserdem hat Patientin Gesichtsschmerzen und Zahnweh.

Erster hypnotischer Versuch. Einschläferung nach der bekannten Methode. Patientin kann nach kurzer Zeit die Augen nicht mehr öffnen. Tremor der Lider. Pupillen nach oben und innen. Lider krampfhaft geschlossen. Unfähigkeit, die Arme zu erheben. Muskeln schlaff. Respiration etwas tiefer und beschleunigt. Puls im Schlaf weniger gespannt, sonst in Frequenz und Qualität unverändert.

Suggestion: Verschwinden der Schmerzen, Besserung des Appetits und des Allgemeinbefindens.

Die Erinnerung nach dem Wachwerden ist heute, wie auch nach den sämmtlichen folgenden Hypnosen ganz erhalten. Schmerz verschwunden. Befinden gut.

8. Mai 1888. Schlechter Appetit. Stechen im Kniegelenke. Hypnose wie gestern. Puls unverändert. Leichte Suggestivkatalepsie. Suggestion quoad Beschwerden. Posthypnotisches gutes Befinden.

9. Mai 1888. Besserung schreitet fort. Hypnose wie am 8. Suggestion gegen Mattigkeit und Appetitlosigkeit.

11. Mai 1888. Appetit hat sich gebessert. Vorübergehende Schmerzen. Am 11. Morgens sind die Menses eingetreten, stark und profus. Hypnotisirung wie oben.

Suggestion: Besserung der Beschwerden, energische Versicherung, dass die Menses mit geringem Blutverlust verbunden sein und am 13. Mai im Laufe des Nachmittags aufhören werden (also 3tägig).

12. Mai 1888. Befinden ist wiederum gebessert, Regel schwach, viel geringerer Blutverlust wie gewöhnlich.
Wiederholung des gestrigen Verfahrens.

14. Mai 1888. Nach Angabe der Patientin hörten die Menses am 13. Mai Abends 7 Uhr auf und blieben schwach. Auf meinen Wunsch

5*

constatirte Herr Dr. M. durch manuelle Untersuchung, dass kein Blut-abgang mehr vorhanden sei.

Im Uebrigen befindet Patientin sich besser und hat nur noch bei besonderen Anstrengungen gelegentliche Schmerzen u. s. w. Appetit ist zufriedenstellend.

Hypnose und Suggestion wie gewöhnlich.

15. Mai 1888. Allgemeinbefinden zufriedenstellend.

Hypnose und Suggestion wie sonst. — Puls vor und nach Ein-tritt der Hypnose 96, in Frequenz und Qualität unverändert. Respiration im Schlaf 24. Exspirium verlängert. Schmerzempfindung erhalten, Con-junctivalreflex ebenso. Sehnenreflexe und Muskelerregbarkeit normal.

17. Mai 1888. Die heute vorhandenen Kopfschmerzen werden in zwei aufeinander folgenden Hypnosen erfolgreich wegsuggerirt.

18. Mai 1888. Die Anämie der Patientin wird gleichzeitig durch Eisenpräparate behandelt. Beschwerden sind jetzt nur noch zeitweise vor-übergehend vorhanden. Appetit hergestellt.

Verfahren wie sonst.

22. Mai 1888. Cardialgie und Kreuzschmerzen vorhanden.

Hypnose wie sonst. Suggestion quoad Beschwerden.

Versuch suggestiver Verlangsamung der Herzthätigkeit misslingt. Nach dem Erwachen Wohlbefinden. Erinnerung vorhanden.

24. Mai 1888. Zahnschmerz in Folge cariöser Zähne.

Das frühere Verfahren wird wiederholt und der Schmerz mit Erfolg wegsuggerirt.

25. Mai 1888. Extraction mehrerer Zähne. Keine Hypnose.

28. Mai 1888. Heute wird Fortdauer des vorhandenen guten Be-findens anbefohlen.

Verfahren wie sonst.

30. Mai 1888. Der Hypnotisirten wird die nächste Menstruation auf Freitag den 8. Juni Mittags 12 Uhr (also 2 Tage vor der normalen Zeit) prophezeit. (Eigentlicher Termin: Sonntag, den 10. Juni).

4. Juni 1888. Weil von 4 cariösen Zähnen erst 2 gezogen sind, noch Zahnschmerz vorhanden.

Verfahren wie oben. Schmerz fortsuggerirt. Wiederholung des Auf-trages vom 30. Mai. Nach der Hypnose wird wiederum ein Zahn gerissen.

6. Juni 1888. Befinden vortrefflich. Zahnschmerz verschwunden. Hypnose wie gewöhnlich. Suggestion quoad Menses.

8. Juni 1888. Die Menses sind bereits am Donnerstag den 7. Juni Vormittags eingetreten, also einen Tag vor der suggerirten und 3 Tage vor der normalen Zeit. Blutverlust ziemlich stark.

Es wird der Hypnotisirten der bestimmte Auftrag gegeben, dass die Menses bis Sonntag den 10. Juni aufzuhören hätten (also 3 tägig seien, anstatt wie gewohnt 8 tägig).

Die Patientin besuchte erst am 11. Juni das Ambulatorium wieder, weswegen wir auf ihre Aussage angewiesen sind, dass am Sonntag den 10. Juni Mittags $\frac{1}{2}$2 Uhr die Menses cessirten.

Amanda B. ist im Uebrigen hergestellt und aus der Behandlung entlassen.

12) Cäcilia W., 22jährige Magd, befindet sich in der Anstalt wegen fortdauernder Cardialgie. Die angewendeten Mittel haben den gewünschten Erfolg nicht gehabt.

Am 30. Mai 1888 einmalige Hypnose durch Fixation und Verbalsuggestion. Energische Suggestion. Verschwinden des Schmerzes. Erinnerung nach dem Erwachen vorhanden. Schmerz dagegen ist verschwunden und kehrt auch am folgenden Tage nicht mehr wieder. Patientin wird am 2. Juni 1888 als geheilt entlassen.

13) Julie D., 41 Jahre alt, Weinhändlersgattin, leidet seit 6 Jahren an hysterischen Beschwerden aller Art.

Mutter und Geschwister der Patientin angeblich nervös. Vater starb an Lungenentzündung. Patientin will 2 mal im Alter von 5 und von 11 Jahren Gehirnhautentzündung durchgemacht haben. Seit 1886 wird Julie D. ambulatorisch behandelt mit ganz wechselnden Erfolgen. Die von ihr mitgetheilten Beschwerden sind folgende:

Schlaf unruhig und kurz. Appetitlosigkeit. Schwindelanfälle und Aufregungszustände, ausgeprägte Platzangst (Patientin begiebt sich niemals allein auf die Strasse), Anfälle von Angina pectoris mit Herzklopfen und Weinkrämpfen.

Dolores aller Art, besonders im Kopf, Kreuz und Rücken. Ausserdem Globus hystericus, oft auftretender heftiger Singultus, auch Erbrechen, das sich meist nach dem Erwachen Morgens einstellt. Endlich besteht zur Zeit Bronchialkatarrh mit heftigem Hustenreiz.

Die physikalische Untersuchung ergiebt einen negativen Befund.

12. Mai 1888. Erster hypnotischer Versuch. Patientin ist nicht im Stande, eine Minute lang den ihr vorgehaltenen Ring zu fixiren. Leichte Hypnose durch Verbalsuggestion. Unvermögen, die Augen zu öffnen und die Arme zu heben. Heute und nach allen folgenden Hypnosen behält Patientin die klare Erinnerung an alle Vorgänge im Schlaf. In der Hypnose Anfall von Angina pectoris und Singultus. Beruhigende Suggestion. Nach dem Erwachen Wohlbefinden.

14. Mai 1888. Auch der Nachtschlaf soll so leicht sein, dass Patientin alles hört. Da Patientin beinahe täglich über neue Beschwerden zu berichten weiss, wenn die alten erfolgreich absuggerirt sind, so passt sich die Suggestion jeweilig den Klagen an.

15. Mai 1888. Keine Erleichterung. Verfahren wie am 12. Mai. Energische Suggestion quoad Angina pectoris und Allgemeinbefinden. Puls vor und nach Eintritt der Hypnose 96, in der Qualität unverändert. Neuromuskuläre Hyperexcitabilität besteht nicht. Patellarreflex normal. Pupillen nach oben gekehrt. Conjunctivalreflex abgeschwächt. Analgesie. Respiration mässig beschleunigt.

Nach dem Erwachen heute, wie immer, Befinden gut.

16. Mai 1868. Angina pectoris nicht mehr eingetreten. Dagegen erwacht Patientin stets zwischen 3 und 1/25 Uhr Morgens und bricht dann fast regelmässig.

Suggestion: Tiefer und langer Nachtschlaf, Aufhören des Singultus. Besserung des Appetits.

17. Mai 1888. Angina pectoris und Singultus sind ausgeblieben. Gegen ihre Gewohnheit hat Patientin, der Eingebung folgend, am 16. Mai Mittags gegessen. Erwachen am 17. Mai, jedoch um $^1/_2$4 Uhr mit Erbrechen. Verfahren und Suggestion wie am 16. Mai. Versuch einer suggestiven Pulsverlangsamung misslingt. Heute nach dem Erwachen Weinkrampf. Sofortige Einleitung einer neuen Hypnose. Suggestion: ruhige und heitere Stimmung. Patientin ist nach dem Erwachen beruhigt.

18. Mai 1888. Erwachen Morgens um 3 Uhr. Suggestion in der Hypnose, quoad Nachtschlaf, Erwachen und Allgemeinbefinden. Leichte Suggestivkatalepsie.

22. Mai 1888. Schlaf angeblich ruhiger und tiefer. Erwachen am 19., 20. und 21. Mai um $^1/_2$5 Uhr. Dagegen geniesst Patientin nunmehr Mittags Fleischkost. Singultus und Angina pectoris haben sich nicht mehr eingestellt. Patientin trug bisher immer einen Eisbeutel auf dem Herzen, den sie von jetzt an weglässt. Agoraphobie besteht fort. Verfahren wie sonst.

Suggestion quoad Agoraphobie und die übrigen Beschwerden, besonders das Erwachen.

23. Mai 1888. Patientin erwacht um $^1/_2$6 Uhr, erbricht nicht. Agoraphobie gebessert. Klage über Rückenschmerz und traurige Stimmung.

Suggestion mit Berücksichtigung jeder einzelnen Beschwerde. Patientin wird aufgefordert, widerstandsfähiger und lebensfroher zu werden. Der Wille, gesund zu werden, wird anbefohlen. Nach dem Erwachen Befinden gut.

24. Mai 1888. Erwachen um $^1/_2$5 Uhr. Agoraphobie sehr gebessert. Das Allgemeinbefinden ist soweit gehoben, dass Patientin ihrer häuslichen Thätigkeit wieder nachgehen kann. Das Suggestivverfahren wie sonst.

25. Mai 1888. Verfahren wie am 24. Mai.

26. Mai 1888. Schlaf ist auch tiefer und erquickender geworden. Agoraphobie nicht mehr aufgetreten. Patientin nimmt regelmässig an den Mittagsmalzeiten theil. Hauptklage gegenwärtig: Rückenschmerz.

Auf besonderen Wunsch wird Patientin an diesem und den folgenden Tagen vor der Hypnotisirung elektrisirt.

Angeblich tritt eine Besserung des Schmerzes ein, der dann aber erst ganz nach der hypnotischen Behandlung verschwinde, um sich aber am folgenden Morgen regelmässig wieder einzustellen.

Behandlung wie sonst.

27. Mai 1888. Status idem. Hypnose und Heilsuggestion.

28. Mai 1888. Erwachen um $^1/_2$5 Uhr. Befinden im Allgemeinen angeblich gebessert. Hypnose.

Verstärkung der Widerstandsfähigkeit und der Willenskraft wird anbefohlen.

29. Mai 1888. Elektricität gegen Rückenschmerz, der aber erst nach der Hypnose ganz verschwunden ist.

30. Mai 1888. Agoraphobie nicht mehr aufgetreten. Klage über Rückenschmerz und frühes Erwachen. Hypnose. Suggestion quoad Beschwerden.

Heute ist die Erinnerung nach dem Erwachen etwas getrübt.

1. Juni 1858. Vor der Hypnose Weinkrampf. Energische Suggestion im Wachen beruhigt sie. Dann Hypnose eingeleitet. Suggestion mit demselben Erfolg wie sonst. Nach dem Erwachen Wohlbefinden.

2. Juni 1868. Verfahren wird in demselben Sinne fortgesetzt.

3. Juni 1888. Behandlung mit hypnotischer Suggestion.

4. Juni 1888. Besserung schreitet fort. Hypnose und Suggestion wie sonst.

5. Juni 1858. Rückenschmerzen werden, wie immer, erfolgreich wegsuggerirt.

6. Juni 1888. Rückenschmerzen mit Erfolg im wachen Zustand durch Berührung der schmerzhaften Stelle über den Kleidern wegsuggerirt. (Dasselbe an den folgenden Tagen mehrmals wiederholt). Hypnotische Suggestion gegen die übrigen Beschwerden. Besondere Betonung der Widerstandsfähigkeit gegen etwaige Beschwerden.

7. August 1888. Patientin macht bereits Ausflüge mit zu ihrem Vergnügen. Suggestivverfahren in der Hypnose wie sonst.

8. Aug. 1888. Um festzustellen, ob wirklich der Patientin die elektrische Behandlung oder die damit verbundene Autosuggestion Erleichterung verschaffe, wird Patientin heute auf mein Ersuchen mit indifferenten Elektroden ohne Schluss der Kette behandelt. Unsere Versicherung, jetzt werde der Strom stark, genügte, der Patientin die Empfindung eines starken Stromes in der Einbildung zu erzeugen. Julie S. verspürte nicht den Unterschied gegen eine frühere Behandlung. Der Schmerz verschwand. Dieser Versuch wurde an den folgenden Tagen mit demselben Erfolge mehrmals wiederholt und auch in der Weise abgeändert, dass man starke Ströme als schwach suggerirte und dadurch keinen Erfolg in Bezug auf Besserung der Schmerzen erzielte. Diese Versuche zeigen den rein psychischen Ursprung aller jener Beschwerden, über welche Hysterische klagen, deutlich. Hypnotische Behandlung an diesem Tage wie sonst.

9. August 1888. Status idem. Behandlung mit indifferenten Elektroden und hypnotischer Suggestion.

13. August 1888. Befinden und Behandlung wie am 9. August.

13. August 1858. Stets kommt Patientin mit Rückenschmerzen behaftet ins Ambulatorium, die eingebildete elektrische Behandlung und Hypnose beseitigen allemal diese Beschwerde. Dagegen ist die Suggestion immer noch ganz erfolglos gegenüber dem frühen Erwachen und dem gänzlichen Verschwinden der Rückenschmerzen. Hier scheint sich eine bei Hysterischen oft zu machende Erfahrung zu bestätigen, dass Autosuggestionen stärker sind, wie Fremdsuggestionen. Im Uebrigen ist das Befinden der Patientin gebessert, wenigstens klagt sie nicht mehr über das Bestehen der Anfangs vorhandenen Symptome.

14. August 1858. Verbalsuggestion im wachen Zustand mit Berührung des Rückens über den Kleidern beseitigt sofort den Rückenschmerz. Befinden und Behandlung wie sonst.

An diesem Tage schliesst die hypnotische Behandlung im Krankenhause ab. Die Suggestivtherapie hat auch dieser Patientin grosse Erleichterung geschafft. Und es hat fast den Anschein, als ob bei dem rein psychischen Ursprung der Beschwerden in diesem charak-

teristischen Falle von Hysterie, die mit jeder Art von Behandlung
verbundene Einbildung autosuggestiv die Besserung erzeuge. Wenn
Patientin auch keineswegs bei ihrer geistigen Widerstandsunfähigkeit
als geheilt zu betrachten ist, und wenn auch Recidive sicher in
Aussicht stehen, so dürfte doch die Suggestion als das wirksamste
Heilmittel bei ihr zu betrachten sein; die Form derselben wird von
dem Zutrauen der Patientin abhängen, und zeitweilig als Elektricität,
zeitweilig als Medicament oder hypnotische Eingebung dieselben Resultate erzielen.

14) Franz E., 20 Jahre alt, Buchbinder, befindet sich vom 10. April
bis 13. Juni 1888 im Münchener Krankenhause.
    Patient leidet an fortdauerndem Erbrechen und geringgradiger Polyurie.
Patient wird am 10. April Abends 11 Uhr in das Krankenhaus getragen. An demselben Abend ½9 Uhr hat er einen Selbstmordversuch
gemacht, angeblich wegen Schulden, indem er die Substanz schwedischer
Zündhölzer (etwa ¾ des Inhalts) in Wasser auflöste und zu sich nahm.
Er war früher wegen Gonorrhöe in Behandlung und litt mit 13 Jahren
an Diphtherie. Ein Fall auf das rechte Knie (vor mehreren Jahren) machte
eine Operation nöthig. Seitdem ist das Bein des Patienten steif. Mutter
starb im Wochenbett, Vater und Geschwister gesund.
    Der Status praesens ergiebt keinen bemerkenswerthen Befund ausser
8 Narben auf dem rechten Oberschenkel und der Aukylose des rechten
Kniegelenks. Im Abdomen eine druckempfindliche Stelle. Patient klagte
(in den ersten Tagen seines Aufenthaltes im Spital) über Magenschmerzen.
Am 10. April 1888 Ausspülung des Magens. Vom 14. April an tritt täglich
3—5 mal Erbrechen auf, das noch andauert. Die wiederholt vorgenommenen Ausspülungen, Galvanisirung, Medicamente, sind ohne jeden Erfolg.
    Die am 18. April 1888 vorgenommene chemische Untersuchung er-
giebt, dass der Salzsäuregehalt und die Verdauungsfähigkeit des Magens
normal sind. Oft ist das Erbrechen sehr stark, so am 24. April. Puls
dabei meist auffallend niedrig, 52—60. Zeitweise sind auch Fieberschwan-
kungen vorhanden, so 2. April Temperatur 38,2, am 9. April Temperatur
38,1, am 18. April Temperatur 38,6, am 21. April Temperatur 38,6, am
5. Mai Temperatur 38,2.
    Am 29. Mai 1888 wird mir Patient zur hypnotischen Behandlung
übergeben. Das Erbrechen tritt immer noch 4—5 mal am Tage auf, meist
unmittelbar, längstens aber 1 Stunde nach den Mahlzeiten, und wie Patient
glaubt, besonders nach warmen Speisen. Die Menge des Erbrochenen
wechselt. Oft jedoch ist die ziemlich grosse Schüssel Abends gefüllt.
    Patient hat einen guten Schlaf und keine subjectiven Beschwerden.
    Ich lasse ihn angestrengt und länger wie gewöhnlich die Fixation
fortsetzen. Dadurch gelingt es mit Hülfe der Verbalsuggestion Schlaf herbeizuführen. Puls vorher und nach Eintritt der Hypnose 100, in der
Qualität unverändert. Respiration im Schlaf 28—32. Patient ist nicht
mehr im Stande, die Augen zu öffnen (nach etwa 15 Minuten). Energische
Aufforderung, nicht mehr zu erbrechen. Nach dem Erwachen versichert
Patient, er habe sich nicht bewegen können und sei unfähig gewesen trotz

der grössten Anstrengung dazu, die Augen zu öffnen. Aber „geschlafen habe er nicht, denn er erinnere sich an alles."

30. Mai 1888. Patient hat wieder ebenso oft erbrochen wie sonst. Wiederholung des Verfahrens vom 29. Mai. Erinnerung nach dem Erwachen vorhanden.

1. Juni 1888. Die Suggestion ist bis jetzt ohne jeden Erfolg. Am Tage zuvor 4maliges Erbrechen. Fixation wird heute noch länger fortgesetzt. Puls vor und nach Eintritt der Hypnose 100. Suggestion wie am 29. Mai. Nach dem Erwachen Erinnerung vorhanden, und etwas Schwindel, der bald vergeht.

2. Juni 1888. Suggestion noch immer ohne Erfolg. Puls vor der Hypnose 80. Einschläferungsmethode wie am 29. Mai. Während der Fixation steigt der Puls auf 120. Nach Aufhören der Fixation fällt er auf 96—100. Respiration 32 im Schlaf (wechselnd). Exspirium verlängert.

Eindringliche Suggestion quoad Erbrechen und posthypnotisches Befinden.

Puls ist auf 92 gefallen. Suggestion: Verlangsamung der Herzthätigkeit. Puls hat in 3 Minuten 86 Schläge. Wiederholung derselben Eingebung. Nach 2 Minuten 82 Schläge. Also ist in 5 Minuten eine Differenz von 10 Schlägen erzielt. Darauf suggestive Beschleunigung der Herzthätigkeit. Puls steigt auf 86, auf eine weitere Aufforderung wird er 90. Differenz von 8 Schlägen in etwa 4 Minuten. Puls wird ohne weitere Suggestion 88 und bleibt auch nach dem Erwachen 88. (Die Untersuchung wurde gemeinschaftlich mit dem anwesenden Assistenten, Herrn L. anangestellt). Nach dem Erwachen etwas Tremor, der bald verschwindet, gutes Allgemeinbefinden. Erinnerung vorhanden.

3. Juni 1888. Da die bisherige Art des Suggestivverfahrens nicht zum Ziele führt, so lasse ich an diesem Tage den Patienten sein Mittagsmahl in der Hypnose einnehmen. Leider erwacht Patient durch ein starkes Geräusch. Er nimmt den Rest der Mahlzeit wachend zu sich und wird zum zweiten Mal hypnotisirt. Energische Suggestion, das Genossene bei sich zu behalten. Während des Schlafens bricht Patient nicht. Wiederum erwacht Patient durch ein heftiges Geräusch. Nach dem Erwachen Erinnnerung vorhanden. Befinden gut. Bereits auf dem Rückwege zum Krankensaal erbricht Patient.

4. Juni 1888. Das Erbrechen besteht unverändert fort. Patient nimmt in meiner Gegenwart sein Mittagsessen zu sich und wird unmittelbar darauf, noch bevor etwas erbrochen ist, in Hypnose versetzt.

Suggestion. Die erbrochenen Speisen waren kalt und können deswegen nicht erbrochen werden. Nach Rückkehr in den Krankensaal werden Sie sofort wieder einschlafen, ohne während des Schlafes und auf dem Rückwege zu erbrechen. Während der Hypnose erbricht Patient nicht, wohl aber eine geringe Menge auf dem Rückweg zum Saal. Patient schläft, sobald er sich nach seiner Rückkehr in den Saal in das Bett gelegt hat, ein und erwacht erst nach einer Stunde durch Geräusch. Während des Schlafes kein Erbrechen, aber bereits 5 Minuten nach dem Erwachen und auch sonst am Tage.

5. Juni 1888. Patient isst zu Mittag und wird unmittelbar darauf in tiefe Hypnose versetzt. Suggestion, fortzuschlafen und beim Transport nicht zu erwachen. Patient wird schlafend auf ein mit Rollen versehenes Bett gelegt und ohne zu erwachen in den Krankensaal transportirt, woselbst er in sein Bett gelegt wird.

Suggestion: fortzuschlafen mehrere Stunden und nicht zu erbrechen. Patient erbricht während des Schlafes nicht, wird aber wiederum durch das heftige Zuschlagen der Saalthüre erweckt nach einer Stunde. Nach dem Erwachen tritt ein weniger starkes Erbrechen auf, wie gewöhnlich; nach der Abendmahlzeit starkes Erbrechen.

6. Juni 1888. Das Bett des Kranken wird mit spanischen Wänden umstellt. Der Patient wird unmittelbar nach Einnahme des Mittagsmahles im Bett liegend von mir hypnotisirt.

Trotz mancherlei Störungen durch die anwesenden Kranken schläft Patient in 12 Minuten ein.

Suggestion: Mehrstündiger tiefer Schlaf ohne Erbrechen. Taubheit gegen Geräusche im Saal. Vollständige Verdauung des in meiner Gegenwart Genossenen. Patient schläft 3 1/2 Stunde fort (von 12—1/24 Uhr), erbricht während dieser Zeit nichts, auch nach dem Erwachen nicht. Dagegen stellt sich das Uebel nach dem Abendessen mit alter Heftigkeit wieder ein.

7. Juni 1888. Wiederum Hypnotisirung wie am 6. Juni unmittelbar nach dem in meiner Gegenwart genossenen Mittagsmahl im Krankensaal. Suggestion wie gestern. Patient wird leider schon nach 3/4 Stunden durch heftiges Zuschlagen der Thüren beim Transport eines Operirten geweckt. Er bricht nach dem Erwachen, ebenso Abends.

8. Juni 1888. Verfahren wie am 6. Juni. Die Neigung des Patienten, unmittelbar nach Einnahme des Mittagsmahls vor der Hypnotisirung zu erbrechen, wird durch sofortige energische Suggestion im Wachen unterdrückt. Dann Einleitung der Hypnose und Suggestion mehrstündigen Schlafes, in der Weise wie am 6. Juni (Taubheit u. s. w.).

Patient schläft heute wiederum 3 1/2 Stunden, von 12—1/24 Uhr und erbricht das Mittagsmahl weder im Schlaf, noch nach dem Erwachen. Dagegen heftiges Erbrechen nach dem Abendessen.

9. Juni 1888. Versuch der Einschläferung ohne Fixation, nur durch Verbalsuggestion im Krankensaal; wie am 6. Juni.

Patient wird nur ein wenig somnolent, erwacht wieder und wünscht in derselben Weise wie früher (nach der BRAID-BERNHEIM'schen combinirten Methode) eingeschläfert zu werden. Hypnose mit Hülfe der Fixation in 9 Minuten.

Suggestion: 4 Stunden Schlaf ohne Erbrechen wie am 6. Juni. Wiederum schläft Patient von 12—1/24 Uhr, also 3 1/2 Stunden, und wiederum behält er sein Mittagsmahl bei sich, auch nach Erwachen kein Erbrechen.

Nach dem Abendessen wiederum heftiger Vomitus. Bei den tieferen Hypnosen verlor Patient meist die Erinnerung.

Leider konnte ich das Verfahren nicht länger fortsetzen, da Patient am 13. Juni 1888 in seine Heimath übersiedelte.

Dass die Geräusche im Krankensaal, die Unterhaltungen, das
Husten der übrigen Kranken in einzelnen Fällen die Einschläferung
geradezu verhindern und den Erfolg der Suggestivtherapie unmöglich machen können, bedarf keiner Hervorhebung. Trotzdem sind
von den 4 im Krankensaal vorgenommenen Versuchen 3 als völlig
gelungen zu bezeichnen; der eine Fehlversuch ist den erschwerenden
Umständen zur Last zu legen. Prolongirter Schlaf und Suggestion
hatten hier den durch kein anderes Mittel erzielten Erfolg, dass der
Patient sein Mittagsmahl ganz verdaute, was für die Ernährung des
Kranken bei der durch die Waage constatirten zunehmenden Gewicht-
abnahme des Körpers von grosser Bedeutung war. Die sorgfältig
aufgehobenen Mengen des Erbrochenen ermöglichten im vorliegenden
Fall eine genaue Controlle.

Bereits nach Abschluss dieser Arbeit hatte ich Gelegenheit, die
Suggestivbehandlung in einem Fall von „Chorea" so wirksam zu
finden, dass ich denselben als Ergänzung hinzufüge:

15) A. v. F. leidet seit Januar 1888 an coordinationslosen Muskel-
zuckungen, welche häufig auftreten, besonders sobald Patient beobachtet
wird und über sein Leiden spricht. A. ist hereditär nicht belastet und
hat keine besonderen Krankheiten in der Jugend durchgemacht. Er ist
19 Jahre alt. Diagnose: Chorea minor. Im Mai 1888 wurde er von Prof.
Charcot, während dieser in Mailand beim Kaiser von Brasilien weilte,
untersucht. Verordnung: Behandlung mit kaltem Wasser, Brompräparate.
Heilung wurde nach 4 Monaten dieser Behandlung in Aussicht gestellt.
Patient besucht nun täglich die Kaltwasserheilanstalt in Neuwittelsbach.
9. Juli 1888 hypnotisirte ich den Patienten auf Veranlassung seines Vaters,
der zugegen war. Combinirte Methode, Somnolenz, Willkürbewegungen
unmöglich. Energische Suggestion, die Muskelbewegungen und -Contrac-
tionen zu beherrschen. Nach dem Erwachen keine Zuckungen mehr.
Dieselben kehrten auch an den folgenden Tagen nicht mehr zurück.
Schwache Zuckungen der Augenmuskeln wurden bei der mehrmals wiederholten hypnotischen Behandlung wegsuggerirt.

Bis jetzt (September) trat ein Rückfall nicht ein und Patien
wurde als geheilt entlassen.

Anhang.

Mit Genehmigung des Herrn Geheimrath von ZIEMSSEN gelangen hier als Ergänzung einige Notizen über hypnotische Therapie aus der Kaltwasserheilanstalt N e u w i t t e l s b a c h bei München zur Mittheilung, welche mir von dem Leiter der Anstalt Herrn Dr. von HÖSSLIN für diese Arbeit gütigst zur Verfügung gestellt wurden.

Die nachfolgenden Aufzeichnungen sind aus den Krankenjournalen der letzten Monate (1887—1888) zusammengestellt:

1) Frl. R. Krankheit: Darmneurose, Anorexie, Agrypnie.

Nach I. Versuch schläft Patientin 3 Stunden.

= II. =   =   = 5 =

= III. =   =   = 7 =

Patientin verlässt bald darauf die Anstalt. Appetit ist auch durch Suggestion gebessert.

2) Frl. E. Krankheit: Morphinismus, Hysterie, Agrypnie, Cephalgie. Durch hypnotische Suggestion wird der Schlaf gebessert und das Kopfweh verringert.

3) Frl. H. Krankheit: Hystero-Epilepsie. Patientin führt in der Hypnose die Befehle aus, giebt jedoch nachher pünktliche Auskunft was mit ihr vorgenommen sei, wer ihr befohlen habe u. s. w.

4) Frau L. Krankheit: Hysterie. Patientin schläft nach dem ersten Versuch sofort ein, ist schwer zu wecken, ist müde und verlangt weiter zu schlafen.

5) Herr B. Krankheit: Morbus Basedowii. Hochgradige Erregbarkeit. Patient schläft mit Hypnose entschieden besser und ist viel ruhiger. Wie mir Herr Dr. v. H. mündlich mittheilt, ist die Herzthätigkeit dieses Patienten durch Suggestion viel ruhiger geworden.

Es wurde mir gestattet, mit dem Kranken einen Versuch vorzunehmen. Derselbe war nicht im Stande, zu fixiren, kam aber auf blosse Verbalsuggestion in einen somnolenten Zustand.

Die Hypnose wurde herbeigeführt in den 5 Fällen durch leichtes Streichen des Gesichtes (durch Herrn Dr. von H. oder seinen Assistenten) und gleichzeitige Verbalsuggestion.

Nur bei 5. störte fortwährendes Sprechen die beruhigende Wirkung des Streichens. Bei 1. trat Katalepsie auf, bei 2. und 5. nur Somnolenz, bei 4. ebenso; doch wurde hier von weiteren Versuchen Abstand genommen.

————

SCHLUSS.

Die vorstehenden Versuche nun berechtigen, isolirt betrachtet wegen der geringen Anzahl der mitgetheilten Fälle, nicht zu einem abschliessenden Urtheil für oder gegen das Suggestivverfahren. Als casuistischer Beitrag jedoch zu den bereits vorliegenden in dem ersten Theil dieser Arbeit cursorisch mitgetheilten Erfahrungen anderer Aerzte dürfte ihnen insofern ein Werth beizulegen sein, als sie eine Bestätigung der Lehren BERNHEIM's und LIÉBEAULT's in mehrfacher Beziehung enthalten. Wie diese Forscher, konnten auch wir in keinem Fall CHARCOT-Stadien beobachten trotz mehrfacher genauer Untersuchung Hysterischer. Dagegen fanden wir meist die leichteren Grade bei den Patienten, in der von BERNHEIM beschriebenen Weise, ohne aber dabei in der Mehrzahl der Fälle einen anderen Schutz gegen die Simulation zu haben, als unsere persönliche Ansicht über den Patienten. Auch die Schattenseiten der einseitig angewendeten BRAID'schen Methode lernten wir an den Folgen kennen; andererseits führt aber, wie Fall 11 zeigt, unter Umständen die Suggestion allein auch nicht zum Ziel, weswegen wir der combinirten BRAID-BERNHEIM'schen Methode mit Berücksichtigung der Individualität den Vorzug geben müssen. In Bezug auf die Erinnerung nach dem Erwachen und das affirmative Hervorrufen des scheinbar Vergessenen müssen wir ebenfalls BERNHEIM beistimmen. Dass, wie VOISIN, RIFAT u. a. mittheilen, prolongirter Schlaf als Heilmittel wichtig sein kann, wird illustrirt durch die Notizen aus der Kaltwasserheilanstalt und durch Fall 11.

Wenn wir uns nun auch im Ganzen, zumal wegen der Gefahrlosigkeit des Verfahrens bei richtiger Anwendung, ebensowohl mit Hinsicht auf die zahlreichen gelungenen Versuche anderer, wie auf Grund unserer eignen Erfahrungen für die vorsichtige Verwendung der Hypnose und der Suggestion als therapeutischer Hülfsmittel aussprechen, so verkennen wir doch keineswegs die grossen Schwierigkeiten, welche einer praktischen Durchführung im Wege stehen und die hauptsächlich ihren Grund haben in dem beim Publikum und in vielen ärztlichen Kreisen herrschenden Vorurtheil, gegen das sich schon BRAID vor 40 Jahren wandte mit dem Motto seines Hauptwerkes: „Unbegrenzter Zweifel ist ebensosehr das Kind der Geistesschwäche wie unbedingte Leichtgläubigkeit."

Zum Schlusse ist es mir eine angenehme Pflicht, allen denen meine Erkenntlichkeit auszusprechen, welche mich durch gelegentliche Literaturangaben, durch Vorstellung hypnotisch behandelter Patienten u. s. w. bei vorliegender Arbeit unterstützten, so den Herren Dr. SPERLING, Dr. MOLL und MAX DESSOIR (Berlin), Dr. MINDE (München), Dr. VON HÖSSLIN (Neuwittelsbach) und Dr. MYERS (London). Ganz besonderen Dank aber schulde ich Herrn Geheimrath VON ZIEMSSEN für seine gütige Beihülfe und das bereitwilligst zur Verfügung gestellte Krankenmaterial.

VERZEICHNISS

der für die therapeutische Verwerthung des Hypnotismus wichtigen

Literatur.[1]

a) Frankreich.

1860. 1) Demarquay et Giraud-Teulon: Recherches sur l'hypnotisme ou sommeil nerveux, comprenant une série d'expériences instituées à la Maison municipale de santé. Paris 1860. Vgl. Gaz. méd. de Paris. Ser. III. Bd. XIV. S. 511. 1859. Ferner: ebenda, Bd. XV. S. 15 u. 33. — 2) Dupuy: L'hypnotisme, compte rendu des conférences du docteur A.-J.-P. Philips. Paris 1860. — 3) Mesnet: Études sur le somnambulisme envisagé au point de vue pathologique. Arch gén. de méd. Ser. V. Bd. XV. S. 147—173. Paris 1860. — 4) Moss: Results of some researches on hypnotism by Drs. Demarquay and Girand-Teulon. Journ. and Rev. Charleston med. Bd XV. S. 603. 1860. — 5) Philips: Cours théorique et pratique de braidisme, ou hypnotisme nerveux considéré dans ses rapports avec la psychologie, la physiologie et la pathologie, et dans des applications à la médecine, à la chirurgie, à la physiologie expérimentale, à la médecine légale et à l'éducation. Paris 1860. Vgl. Journ. psych. Med. Bd. XIII. S. 516—525. London 1860. — 1861. 6) Bonnes: Accès hystériques periodiques traités et guéris par l'étherisation prolongée; expériences d'hypnotisme. Gaz. des hôp. Bd. XXXIV. S. 202. Paris 1861. — 1862. 7) Charpignon: De la part de la médecine morale dans le traitement des maladies nerveuses. Orléans 1862. — 1865. 8) Lasègue: De la catalepsie partielle et passagère. Arch. gén. de méd. S. 385. Oct. 1865. — 1866. 9) Liébeault: Du sommeil et des états analogues considérés au point de vue de l'action du moral sur le physique. Paris 1866. — 1869. 10) Pau de St.-Martin: Étude clinique d'un cas de catalepsie compliquée, traité par hypnotisme. Strasbourg 1869. — 1875. 11) Bouchut: De l'hypnotisme spontané. Gaz. des hôp. Jahrg. XLVIII. S. 194. Paris 1875. Allg. Wien. med. Ztg. Bd. XX. S. 98 u. 110. 1875. — 12) Jolly: Der Wille betrachtet als moralische Kraft und als therapeutisches Heilmittel. Gaz. des hôp. 1875. S. 115. — 13) Richet: Du somnambulisme provoqué. Journ. de l'anat. et de la physiologie. Bd. XI. S. 348. Paris 1875. — 1877. 14) Cullerre: Catalepsie chez un hypocondriaque persécuté. Ann. méd.-psychol. Ser. V. Bd. XVII. S. 177—189. Paris 1877. — 1878. 15) Charcot: Contracture hystérique et aimant; phénomènes curieux de transfert. — Phénomènes divers de l'hystéro-épilepsie. Catalepsie provoquée artificiellement. — Épisodes nouveaux de l'hystéro-épilepsie. Zoopsie. Catalepsie chez les animaux. — L'attaque hystéro-épileptique. Gaz. des hôp. Jahrg. LI. S. 1074. 1075. 1097. 1121. Paris 1878. — Vgl. Compt. rend. Soc. de biol. Ser. VI. Bd. V. S. 119 u. S. 230. Paris 1878. — 16) Izard: Quelques considérations sur la médication hypnotique. Montpellier 1878. — 17) Richer: Catalepsie et somnambulisme hystériques provoqués. Progrès méd. Jahrg. VI. S. 973. Paris 1878. — 1879. 18) Dumont: De l'hystérie et des phénomènes qui s'y rattachent; catalepsie, somnambulisme provoqués. Prac-

---

1) Bei der Mehrzahl der Notizen über die auswärtige Literatur folgen wir hier den zuverlässigen Angaben Dessoir's, dessen Bibliographie alle wichtigeren Arbeiten der Ausländer erwähnt.

ticien. Bd. II. S. 70. 82. 93. 106. 118. Paris 1879. — 19) Richer: Étude déscriptive de la grande attaque hystérique et de ses principales variétés. Paris 1879. — 1880. 20) Richet: Du somnambulisme provoqué. Rev. philos. Bd. X. S. 337. 374 und 462—484. Paris 1880. — 1881. 21) Bourneville et Regnard: Procédés employés pour déterminer les phénomènes d'hypnotisme. Progrès méd. Jahrg. IX. S. 254. 274. 300. Paris 1881. — 22) Bourneville et Regnard: Iconographie photographique de la Salpêtrière. Bd. III: Du sommeil, du somnambulisme, du magnétisme, des zones hystérogènes chez les hystériques. Paris 1881. — 23) Chambard: Du somnambulisme en général: nature relations, signification nosologique et étiologie, avec huit observations de somnambulisme hystérique. Paris 1881. — 24) Chambard: Actions hypnogéniques. — Hyperexcitabilité neuromusculaire hypnotique. — Hypnose hémicérébrale etc. Encéph. Bd. I. S. 95—114 u. S. 236—250. Paris 1881. — 25) Charcot et Richer: Hyperexcitabilité neuro-musculaire dans la période léthargique de l'hypnotisme hystérique. Comp. rend. Soc. de biol. Ser. VII. Bd. III. S. 133 u. 139. Paris 1881. — 26) Charcot et Richer: Contribution à l'étude de l'hypnotisme chez les hystériques. Arch. de neurol. Bd. II. S. 32 u. 173; Bd. III. S. 129 u. 310; Bd. V. S. 307. Paris 1881. 1882. 1883. Vgl. Progrès méd. Jahrgang IX. S. 271 u. 297. Paris 1881. — Gaz. des hôp. Jahrg. LIV. S. 293 u. 315. Paris 1881. — 27) Descourtis: Léthargie hystérique. Encéph. Bd. I. S. 738. Paris 1881. — 28) Dumontpallier: Action de divers agents physiques dans l'hypnotisme provoqué. Compt. rend. Soc. de biol. Ser. VI. Bd. III. S. 394. Paris 1881. — 29) Gauché: Hystérie avec somnambulisme. Encéph. Bd. I. S. 120. Paris 1881. — 30) Laborde: Sur quelques phénomènes d'ordre névropathique observés chez les cobayes, dans certaines conditions expérimentales; la prédisposition sexuelle et d'espèce. Compt. rend. Soc. de biol. Ser. VII. Bd. II. S. 391. Paris 1881. — 31) Motet: Accès de somnambulisme spontané et provoqué. Ann. d'hyg. Bd. V. S. 214. Paris 1881. — 32) Netter: Progrès médical. S. 329—427. 1881. — 33) Petit: L'anesthésie par la respiration rapide et l'hypnotisme. Encéph. Bd. I. S. 856. Paris 1881. — — 1882. 34) Charcot: Phénomènes produits par l'application sur la voûte du crâne du courant galvanique, pendant la période léthargique de l'hypnotisme chez les hystériques. Compt. rend. Soc. de biol. Ser. VII. Bd. III. S. 6. Paris 1882. — Progrès méd. Bd. X. S. 20 u. 63. Paris 1882. — Médecin. Bd. VIII. No. 4. Paris 1882. — Gaz. des hôp. Bd. LV. S. 53. Paris 1882. — 35) Charcot: Essai d'une distinction nosographique des divers états nerveux, compris sous le nom d'hypnotisme. Compt. rend. Acad. des sciences. Bd. XCIV. S. 403. Paris 1882. Vgl. Gaz. des hôp. Jahrg. X. S. 21. 53. 75. 77. 165. Paris 1882. — 36) Charcot: Note sur les divers états nerveux déterminés par l'hypnotisation sur les hystéro-épileptiques. Progrès méd. Jahrg. X. S. 124. Paris 1882. Vgl. Tribune méd. Bd. XIV. S. 102. Paris 1882. Union méd. Ser. III. Bd. XXXIII. S. 265 u. 289. Paris 1882. — 37) Descourtis: De l'hypnotisme. Paris 1882. — 38) Dumontpallier et Magnin: Sur les règles à suivre dans l'hypnotisation des hystériques. Compt. rend. Acad. des sciences. Bd. XCIV. S. 632. Paris 1882. Compt. rend. Soc. de biol. Ser. VII. Bd. IV. S. 202. Paris 1882. — 39) Dumontpallier et Magnin: Hyperexcitabilité neuromusculaire dans les différentes périodes de l'hypnotisme. Compt. rend. Soc. de biol. Ser. VII. Bd. IV. S. 147. Paris 1882. Vgl. Gaz. des hôp. Jahrg. LX. S. 244. Paris 1882. — 40) Dumontpallier et Magnin: Conférence clinique expérimentale sur l'hypnotisme. Gaz. des hôp. Jahrg. LV. S. 329. Vgl. ebenda S. 114. Paris 1882. — 41) Feissier: Cas très-curieux d'hystéro-catalepsie et d'hypnotisation. Lyon méd. Bd. XXXIX. S. 601. 1882. — 42) Richer: Magnétisme animal et hypnotisme. Nouv. Rev. Bd. XVII. S. 537—615. Paris 1882. — 1883. 43) Brémaud: Hypnotisme chez des sujets sains. Compt. rend. Soc. de biol. Ser. VII. Bd. V. S. 619. Paris 1883. — 44) Chambard: Étude symptomatologique sur le somnambulisme. Lyon méd. Bd. XLIII. S. 517—556. Bd. XLIV. S. 5 u. 43. 114. 144—157. 1883. — 45) Charcot et Richer: Diathèse de contracture chez les hystériques. Compt. rend. Soc. de biol. Ser. VII. Bd. V. S. 39. Paris 1883. — 46) Charcot and Richer: Note on certain facts of cerebral automatism observed in hysteria during the cataleptic period of hypnotism. Suggestion by the muscular sense. Journ. nerv. and ment. dis. Bd. X. S. 1—13. New-York 1883. — 47) Féré: Les hypnotiques-hystériques considérés comme sujets d'experience en médecine mentale. Arch. de neurol. Bd. VI. S. 122—135. Paris 1883. Vgl. Ann. méd.-psychol. Ser. VI. Bd. X. S. 285—301. Paris 1883. — 48) Pitres: Présentation d'une malade chez laquelle on provoque facilement le sommeil hypnotique. Journ. de méd. de Bordeaux. Bd. XII. S. 501. 1883. - 49) Pouchet: Un cas de sommeil hypnotique. Rev. philos. Bd. XV. S. 511 Paris 1883. - 50) Richet. Hypnotisme et contracture. Compt. rend. Soc. de biol. Ser. VII. Bd. V. S 462 Paris 1883. - 51) Rougier: Électricité statique médicale; hypnotisme curatif. Union méd. Ser. III. Bd. XXXV. S. 918. Paris 1883. -- 1884. 52) Beaunis: Effet de la suggestion sur les actes organiques. Compt. rend. Soc. de biol. Ser. VIII. Bd. I. S. 513. Paris 1884. - 53) Bernheim: Suggestion à l'etat de veille. Compt. rend Soc de biol. Ser. VIII. Bd. I. S. 214. Paris 1884. Vgl. Journ. de thérap. Bd. X. S. 641. Paris 1883. — Rev. méd. de l'est. Bd. XV. S. 513. 545. 577. 610. 641. Nancy 1883. — 54) Bornheim: De la suggestion dans l'état hypnotique. Compt. rend Soc. de biol. Ser. VIII. Bd. I. S. 516. Paris 1884. Vgl. Rev. méd. de l'est. Bd. XVI. S. 515–557. Nancy 1884. — 55) Bernheim: De la suggestion dans l'état hypnotique et dans l'état de veille. Paris 1884. — 56) Binet et Féré: Les paralysies par suggestion. Rev. scient. Bd. XXXIV. S. 45. Paris 1884. — 57) Bottey: Le magnétisme animal. Étude critique et experimentale sur l'hypnotisme provoqué chez des sujets sains. Paris 1881. — 58) Bottey: Des suggestions provoqués à l'état de veille chez les hystériques et chez les sujets sains. Compt. rend. Soc. de biol. Ser. VIII. Bd. I. S. 171. Paris 1884. — 59) Brémaud: Note sur l'état de fascination dans la série hypnotique. Compt. rend. Soc. de biol. Ser. VIII. Bd. I. S. 169. Paris 1884. — 60) Brémaud: Notes sur les conditions favorables à la production de l'hypnotisme. Compt. rend. Soc. de biol. Ser. VIII. Bd. I. S. 170. Paris 1884. — 61) Brémaud: Note sur le passage de la léthargie au somnambulisme dans la série hypnotique. Compt. rend. Soc. de biol. Ser. VIII. Bd. I. S. 282. Paris 1884. — 62) Espinas: Du sommeil provoqué chez les hystériques. Essai d'explication psychologique de ses causes et de ses effets. Bordeaux 1884. — 63) Féré: La médecine d'imagination. Progrès méd. Jahrg. XII. S. 309. Paris 1884. — 64) Lasègue: Études médicales. Bd. I. S. 207—232. Paris 1884. — 65) Lasègue: Le braidisme. Rev. de deux mondes. Jahrg. LI. S. 914—933. — 66) Magnin: Réflexions générales sur l'hypnotisme. Sensibilité, impressionabilité et contractures réflexes à l'état de veille et dans les différentes périodes du sommeil provoqué. Gaz. des hôp. Jahrg. LVI. S. 1156. Vgl. Tribune méd. Bd. XV. S. 606. Paris 1883. — Médecin. Bd. IX. S. 1. Paris 1883. — Compt. rend. Soc. de biol. Ser. VII. Bd. V. S. 43. Paris 1884. — 67) Pitres: Des suggestions hypnotiques. Bordeaux 1884. Vgl. Journ. de méd. de Bordeaux. Bd. XIII. S. 450. 463. 490. 536. 561. 1884. — 68) Pitres: Des attaques de sommeil hystérique. Journ. de méd. de Bordeaux. Bd. XIV. S. 143. 1884. — 69) Richer: Les phénomènes neuromusculaires de l'hypnotisme. Compt. rend. Soc. de biol. Ser. VII. Bd. V. S. 619. Paris 1883. — Progrès méd. Jahrg. XII. 5. S. 5. Paris 1884. — 70) Richer: Des phénomènes neuromusculaires de hypnotisme. De la méthode à suivre dans les études sur l'hypnotisme. Progrès méd. Jahrg. XII. S. 5. Paris 1884. — 71) Richer et Gilles de la Tourette: Sur les caractères cliniques des paralysies psychiques expérimentales (paralysies par suggestion). Compt. rend. Soc. de biol. Ser. VIII. Bd. I. S. 198. Paris 1884. — 72) Richet: L'homme et l'intelligence. Paris 1884. — 73) Richet: De la suggestion sans hypnotisme. Compt. rend. Soc. de biol. Ser. VIII. Bd. I. S. 553. Paris 1884. — 74) Voisin (Auguste): Étude sur l'hypnotisme et sur les suggestions chez une aliénée. Ann. méd.-psychol. Ser. VI. Bd. XII. S. 290–304. Paris 1884. -- 1885. 75) Alphandery: La thérapeutique morale et la suggestion. Paris 1885. — 76) Bernheim: L'hypnotisme chez les hystériques. Rev philos. Bd. XIX. S. 311. Paris 1885. — 77) Charcot: Hypnotisme et suggestion. Gaz. des hôp. Jahrg. LVIII. S. 593. Paris 1885. — 78) Cullere: Magnetisme et hypnotisme. Paris 1885. — 79) Debove et Flamand: Recherches expérimentales sur l'hystérie au moyen de la suggestion hypnotique. Bull. Soc. de méd. des hôp. Bd. II. S. 299. Paris 1885. — 80) Descubes: Études sur les contractures provoquées chez les hystériques à l'état de veille. Bordeaux 1885. — 81) Dumontpallier: Troubles trophiques par suggestion. Compt. rend. Soc. de biol. Ser. VIII. Bd. II. S. 449. Paris 1885. — 82) Parant: De l'hypnotisme employé comme agent thérapeutique. Rev. méd. de Toulouse. Bd. XIX. S. 225. 1885. — 83) Pitres: Des zones hypnogènes. Journ. de méd. de Bordeaux. Bd. XIV. S. 255. 1885. Vgl. die Referate von Davezac, ebenda, Jahrg. 1885—1887. — 84) Pitres: Des zones hystérogènes et hypnogènes. Bordeaux 1885. — 85) Richer: Études cliniques sur la grande hystérie ou hystéro-épilepsie. Theil II: Du grand hypnotisme. Paris 1885. — 86) Séglas: Fait pour servir à l'histoire de la thérapeutique suggestive.

Arch. de neurolog. Bd. X. S. 376—395. Paris 1885. — 1886. 87) Authenac: Contribution à l'étude de l'hypnotisme et de la suggestion. Gaz. des hôp. Jahrg. LV. S. 976. Paris 1886. — 88) Barth: De l'hypnotisme au point de vue thérapeutique. Thérap. contemp. Bd. VI. S. 535. Paris 1886. — 89) Barth: Du sommeil non naturel, ses diverses formes. Paris 1886. — 90) Bergson: De la simulation inconsciente dans l'état d'hypnotisme. Rev. philos. Bd. XXII. S. 205. Paris 1886. — 91) Bernheim: De la suggestion et de ses applications à la thérapeutique. Paris 1886. — 92) Bernheim: Souvenirs latents et suggestions à échéance. Compt. rend. Soc. de biol. Ser. VIII. Bd. II. S. 135—147. Paris 1885. Vgl. Rev. méd. de l'est. Bd. XVIII. S. 97—111. Nancy 1886. — 93) Beaunis: Le somnambulisme provoqué. Études physiologiques et psychologiques. Paris 1886. — 94) Beugnies-Corbeau: De la peur en thérapeutique ou de la suggestion à l'état de veille. Bull. gén. de thérap. Jahrg. LV. S. 115. Paris 1886. — 95) Bezançon: Diarrhée provoquée par suggestion chez une hystérique hypnotisable. Rev. Hypn. Bd. I. S. 150. Paris 1886. — 96) Bidon: De l'hypnotisme dans la thérapeutique nerveuse. Marseille méd. Bd. XXIII. S. 605. 1886. — 97) Binet et Féré: Le magnétisme animal. Paris 1886. — 98) Charcot: Neue Vorlesungen über die Krankheiten des Nervensystems, insbesondere über Hysterie; deutsch von Dr. Sigm. Freud. Leipzig u. Wien 1886. — 99) Conturier: Contribution à l'étude de la suggestion à l'état de veille au point de vue thérapeutique. Loire méd. Bd. V. S. 197 u. 213. St.-Etienne 1886. — 100) Debove: De l'hystérie de l'homme et de la paralysie par suggestion. Bull. et mém. Soc. méd. des hôp. Ser. III. Bd. III. S. 40. Paris 1886. — 101) Desplats: Applications thérapeutiques de l'hypnotisme et de la suggestion. Journ. des sciences méd. de Lille. Bd. VIII. S. 633. 1886. Als Broschüre: Lille 1886. — 102) Duchand Doris: Hémiplégie hystérique chez un homme de 36 ans diagnostiquée à sa troisième recidive et guérie par suggestion. Médecin chir. Bd. II. S. 415. Paris 1886. — 103) Dufour: Traitement des maladies mentales par la suggestion hypnotique. Ann. méd. psychol. Ser. VII. Bd. IV. S. 238—254. Paris 1886. — 104) Dufour: Contribution à l'étude de l'hypnotisme. Journ. Soc. de méd. et pharm. de l'Isère. Bd. X. S. 193—207. Grenoble 1886. Ann. méd. psychol. Ser. VII. Bd. IV. S. 238—254. Paris 1886. Als Brsochüre: Grenoble 1886. — 105) Fontan et Ségard: Observations des suggestions thérapeutiques. Compt. rend. Soc. de biol. Ser. VIII. Bd. III. S. 539. Paris 1886. — 106) Fonteville, H. Bl.: Note sur les zones léthargogènes et lethargophrénatrices chez les hystériques. Journ. de méd. de Bordeaux. 1886. — 107) Fournier: Quelques notes sur l'hypnotisme au point de vue thérapeutique. Gaz. des hôp. Jhg. LIX. S. 536. Paris 1886. Vgl. Praticien. Bd. IX. S. 313. Paris 1886. — 108) Garnier: Hypnotisme et folie. France méd. Bd. I. S. 554. Paris 1886. — 109) Grasset: Du sommeil provoqué comme agent thérapeutique (thérapeutique suggestive). Semaine méd. Bd. VI. S. 205. Paris 1886. — 110) Jendrassik: De l'hypnotisme. Arch. de neurol. Bd. XI. S. 362—380. Bd. XII. S. 53. Paris 1886. Vgl. Pester chir. Presse. Bd. XXIII. S. 206. 1887. — 111) Lanoaille de Lachèse: Observation d'hypnotisme chez un soldat. Rev. Hypn. Bd. I. S. 112. Paris 1886. Journ. Soc. de méd. et pharm. de la Haute-Vienne. Bd. X. S. 179. Bd. XII. S. 50. 1888. — 112) Liébeault: Confession d'un médecin hypnotiseur. Rev. Hypn. Bd. I. S. 105 u. 143. Paris 1886. Gera 1888. — 113) Liébeault: Traitement par suggestion hypnotique de l'incontinence d'urine chez les adultes et les enfants audessus de trois aus. Abeille méd. Bd. XLIII. S. 369. Paris 1886. — 114) Liégeois: L'école de Paris et l'école de Nancy. Rev. Hypn. Bd. I. S. 33. Paris 1886. — 115) Magnin: Les états mixtes de l'hypnotisme. Rev. scient. Bd. XXXVII. S. 745. Paris 1886. — 116) Magnin: L'hypnotisme à la faculté de médicine de Paris. Rev. Hypn. Bd. I. S. 151. Paris 1886. — 117) Pons: Hypnotisme chez les aliénés. Marseille méd. Bd. XXIII. S. 619. 1886. — 118) Porak: Hypnotisme provoqué pendant la grossesse et le début du travail. Action de la compression des ovaires. Dédoublement de la personnalité. Nouv. arch. d'obstétr. et de gynécol. Bd. VI. S. 344. Paris 1886. — 119) Ramey: Rétrécissement spasmodique du canal de l'urèthre traité sans succès par urèthrotomie interne et guérie par la suggestion hypnotique. Compt. rend. hebd. des séances de la soc. de biol. Ser. VIII. Bd. III. S. 309. 1886. — 120) Richet: De quelques phénomènes de suggestion sans hypnotisme. Bull. Soc. Psychol. physiol. Bd. I. S. 34. Paris 1886. — 1887. 121) Andrieu: Aphonie nerveuse, zone hystérogène et douloureuse datant de cinq semaines; guérison après cinq minutes d'hypnotisation: Gaz. méd. de Picardie. Bd. V. S. 23. Amiens 1887. — 122) Andrieu: Expériences d'hypnotisme. Rev. Hypn. Bd. I. S. 2ʰ2. Paris 1ʰʰ7. - 123) Andrieu: Les dangers de l'hypnotisme extrascientifique. Rev. Hypn. Bd. II. S. 125. Paris 1ʰʰ7. — 124) Bérillon: De la méthode dans l'étude de l'hypnotisme. Rev. Hypn. Bd. II. S. 1. Paris 1887. Vgl. Sphinx. Bd. IV, 24. S. 380. Leipzig 1ʰʰ7. - 12ᵔ) Bérillon: Guérison par suggestion post-hypnotique d'une habitude vicieuse datant de six ans. Rev. Hypn. Bd. I. S. 218. Paris 1ʰʰ7. — 126) Bernheim: Des hallucinations rétroactives provoquées par hypnotisme et des faux témoignages. Rev. Hypn. Bd. II. S. 4. Paris 1887. - 127) Bernheim: De l'influence hypnotique et de ses divers degrés. Rev. méd. de l'est. Bd. XIX. S. 97. Nancy 1887. - Rev. Hypn. Bd. I. S. 225. Paris 1887. — 128) Bernheim: Influence de la suggestion sur la régularisation des fonctions menstruelles. Rev. méd. de l'est. Bd. XIX. S. 691. Nancy 1ʰʰ7. 129) Bernheim: Sur un cas de régularisation des règles par suggestion. Rev. Hypn. Bd. II. S. 138. Paris 1887. — 130) Bidon: De l'hypnotisme dans la thérapeutique nerveuse. Rec. des actes du comité méd. des bouches du Rhône. Bd. XXV. S. 61. Marseille 1887. — 131) Brémaud: Guérison par l'hypnotisme d'une manie des nouvelles accouchées. Rev. Hypn. Bd. II. S. 16. Paris 1ʰʰ7. — 132) Brémaud: Guérison par l'hypnotisme d'un délire alcoolique. Rev. Hypn. Bd. II. S. 19. Paris 1887. — 133) Burot: Grande hystérie guérie par l'emploi de la suggestion et de l'antosuggestion. Rev. Hypn. Bd. I. S. 355. Paris 1887. — 134) Burot: Un cas de la maladie des tics convulsifs, traité et amélioré par la persuasion. Rev. Hypn. Bd. II. S. 141. Paris 1887. — 135) Burot: Une suggestion par lettre. Rev. Hypn. Bd. I. S. 267. Paris 1887. — 136) Charcot: L'hypnotisme en thérapeutique, guérison d'une contracture hystérique. Rev. Hypn. Bd. I. S. 296. Paris 1ʰʰ7. — 137) David: Magnétisme animal, suggestion hypnotique et posthypnotique, son emploi comme agent thérapeutique. Paris 1887. — 138) Ducloux: La médecine d'imagination, les maladies imagmaires et la thérapeutique suggestive. Montpellier 1887. — 139) Grandchamps: Incision d'un phlegmon de la face dorsale de l'avant bras et du poignet pendant l'état hypnotique et traitement consécutif par suggestion Rev. des sciences hypn. Bd. I. S. 171. Paris 1887. — 140) Grasset et Brousse: Histoire d'une hystérique hypnotisable. Arch. de neurol. Bd. XIX. S. 321—354. Paris 1887. — 141) Fontan: La suggestion hypnotique appliqué aux maladies des yeux. Rev. gén. d'ophthal. Bd. IX. S. 480—491. Paris 1ʰʰ7. - Rec. d'ophthal. Ser. IV. Bd. IX. S. 385. Paris 1887. — 142) Fontan et Ségard: Eléments de médecine suggestive. Paris 1887. — 143) Lanoaille de Lachèse: Emploi de la suggestion hypnotique dans un cas de tuberculisation pulmonaire. Journ. Soc. de méd. de la Haute-Vienne. Bd. XI. S. 118. Bd. XII. S. 17. Limoges 1887. — 144) Larroque: Des dangers du traitement de l'hystérie par l'hypnotisme. Ann. méd. psycholog. Mai 1887. 145) Liébeault: Classification des dégrés du sommeil provoqué. Rev. Hypn. Bd. I. S. 199. Paris 1887. — 146) Luys: Nouveau cas de guérison d'une paraplégie hystérique par la suggestion hypnotique. Rev. Hypn. Bd. I. S. 353. Paris 1ʰʰ7. — 147) Marestang: Cas de tétanos chronique ou à forme lente. Bon effet de l'hypnotisme. Guérison. Arch. de méd. nav. Bd. XLVIII. S. 311. Paris 1887. — 148) Mialet: Vomissements incoërcibles d'origine hystérique, datant de onze mois, guéris par l'hynotisme; singuliers effets de la suggestion. Gaz. des hôp. Bd. LX. S. 960. Paris 1887. — 149) Nicot: La thérapeutique suggestive en Italie. Rev. Hypn. Bd. II. S. 135. Paris 1887. — 150) Peter, Hystérie et suggestion. Gaz. des hôp. Bd. LX. S. 1325. Paris 1887. — 151) Pinel: Traitement et guérison par l'hypnotisme des accidents nerveux consécutifs à un cas d'hydrophobie. Rev. des sciences hypn. Bd. I. S. 168. Paris 1887. — 152) Pons: Hypnotisme chez les aliénés. Rec. des actes du comité méd. des Bouches du Rhône. Bd. XXV. S. 75. Marseille 1ʰʰ7. — 153) Richet: La personnalité et la mémoire dans le somnambulisme Rev. phil. Bd. XXIII. S. 225—242. Paris 1887. — 154) Roubinowitsch: Guérison d'une migraine par suggestion hypnotique. Rev. Hypn. Bd. I. S. 266. Paris 1ʰʰ7. — 155) Rousseau: De l'emploi de la suggestion hypnotique dans un cas d'arrêt d'evolution pubère. Enceph. Bd. VII. S. 587. Paris 1ʰʰ7. — 156) Sollier: Attaques d'hystéro-épilepsie supprimées par suggestion hypnotique. Progrès méd. Jahrg. XV. S. 291. Paris 1887. — 157) Voisin, A.: De l'hypnotisme et de la suggestion hypnotique dans leurs applications au traitement des maladies nerveuses et mentales. Rev. Hypn. Bd. I. S. 4 u. 41. Paris 1886. Deutsch in Sphinx. Bd. II, 5. S. 302. Leipzig 1886. Als Broschüre: Paris 1887. — 158) Voisin, A.: Du traitement des maladies mentales par la suggestion hypnotique. Ann. méd.-psychol.

6*

Ser. VII. Bd. III. S. 452—466. Réponse de M. Luys. Ebenda. Bd. IV. S. 93. Paris
1886. Als Brochüre. Paris 1857. — 159) Voisin, A.: De la thérapeutique suggestive chez les aliénés. Paris 1887. — 160) Voisin, A.: Traitement et guérison
d'une morphinomane par la suggestion hypnotique. Rev. Hypn. Bd. I. S. 161. Paris
1886. Als Broschüre 1857. — 161) Voisin, A.: De la dipsomanie et des habi-
tudes alcooliques et de leur traitement par la suggestion hypnotique. Rev. Hypn.
Bd. II. S. 48 u. 65. Paris 1887. — 162) Voisin, A.: Observations d'onanisme guéris
par la suggestion hypnotique. Rev. Hypn. Bd. II. S. 151. Paris 1887. — 163) Voisin, A.: Traitement par la suggestion hypnotique. Paris 1887. — 1888. 164)
Auvard et Secheyron: L'hypnotisme et les suggestions en obstétrique. Arch.
de tocolog. Bd. XV. S. 27—40, 78—103, 146—166. Paris 1888. Vgl. Rev. Hypn.
Bd. II. S. 305. Paris 1888. — 165) Bernheim: Considérations générales sur la
suggestion. Rev. Hypn. Bd. II. S. 198. Paris 1888. — 166) Bernheim: L hypnotisme et l'école de Nancy. Gaz. des hôp. Jahrg. LXI. S. 337. Paris 1888. — 167)
Bottey: Aphonie hystérique guérie par suggestion hypnotique. Journ. de méd.
de Paris. Bd. VIII. S. 1. 1888. — 168) Gros: Impossibilité de marches datant de
trois années. Hypnotisme et suggestion. Guérison. Rev. Hypn. Bd. II. S. 253. Paris
1888. — 169) Marcel et Marinescu: Un cas de mutisme hysterique avec contracture spasmodique glossolaryngée guérie par la suggestion hypnotique associé à la
gymnastique vocale. Arch. comm. de méd. et de chir. Bd. I. S. 391. Paris 1888. —
170) Méric, E.: Le merveilleux et la science, étude sur l'hypnotisme. 2. Éd. Paris,
Letouzey 1888. — 171) Ribaux: Considérations sur l'hypnotisme et observation d'un
cas d'hémiplégie hysterique guérie par l'hypnotisme. Rev. méd. de la Suisse Rom.
Jabrg. VIII. S. 137. Genève 1888. — 172) Rifat: Étude sur l'hypnotisme et la suggestion. Rev. Hypn. Bd. II. S. 297. Paris 1888. — 173) Voisin, A.: Onanisme chez
un garçon de 9 ans. Guérison par la suggestion hypnotique (Assoc. française pour
l'avancement des sciences, session d'Oran 2. avril 1888). Rev. Hypn. S. 365. 1888. —
174) Voisin, J.: Guérison par la suggestion hypnotique d'idées délirantes et
de mélancolie avec conscience. Rev. Hypn. Bd. II. S. 142 Paris 1888. — 175)
Voisin, J.: Suggestion, autosuggestion et vivacité du souvenir dans le sommeil
hypnotiqne. — Action des médicaments à distance. — Suppression instantanée
des attaques hystéro-épileptiques et des vomissements nerveux. Ann. méd.-psychol.
Ser. VII. Bd. VII. S. 108. Paris 1888.

b) Belgien und Holland.

1885. 176) Verstraeten: L'hypnotisme, conférence de M. le Prof. Charcot.
Ann. Soc. de méd. Gent. Bd. LXIV. S. 273—84. 1885. — 1886. 177) Bock: L'hypnotisme et la thérapeutique suggestive. Presse médicale Belge 26. Sept. 1886. —
178) Delbœuf: Les suggestionsà échéance. Rev. Hypn. Bd. I. S. 166. Paris 1886. —
179) Delbœuf: La mémoire chez les hypnotisés. Rev. philos. Bd. XXI. S. 441—472.
Paris 1886. — 180) Delbœuf: Une visite à la Salpêtrière. Bruxelles 1886. — 181)
Delbœuf et Binet: Les diverses écoles hypnotiques. Rev. philos. Bd. XXII. S. 532.
Paris 1886. — 1887. 182) Boland: Quelques cas d'aphonie nerveuse guéris par
suggestion à l'état de veille. Ann. Soc. méd. chir. de Liège. Bd. XXVI. S. 199. 1887.
— 183) Borel: Affections hystériques des muscles oculaires et leur reproduction
par la suggestion hypnotique. Ann. d'oculist. Bd. XCVIII. S. 169. Bruxelles 1887.
— 184) Borel: Contractions et paralysies oculaires par suggestion. Arch. d'ophthal. Bd. VIII. No. 6. Paris 1887. — 185) Delbœuf: De l'origine des effets cura-
tifs de l'hypnotisme. Etude de psychologie expérimentale. Bull. Acad. Royale des
sciences de Belg. Ser. III. Bd. XIII. S. 773—794. Bruxelles 1887. Als Broschüre:
Paris 1887. — 1888. 186) Delbœuf: De l'analogie entre l'état hypnotique et
l'état normal. Rev. Hypn. Bd. II. S. 292. Paris 1888. — 187) Delbœuf: L'hypnotisme. Lettres à M. Thiriar, Représentant. Messager Jahrg. XVI. S. 334—340.
Liège 1888. — 1887. 188) Lodder: Hypnotische verschijnselen gebonden aan cere-
brale Hemiplegie. Weekbl. nederl. tijdschrift. voor geneesk. Bd. XXIII. S. 61. Amsterdam 1887. — 189) van Renterghem: De l'hypnotisme dans la pratique médicale. Rev. Hypn. Bd. II. S. 185. Paris 1887. — 190) van Renterghem: Hypnotisme
en suggestie in de geneeskundige praktijk. Amsterdam 1887. — 191) van Ren-

terghem: Het hypnotismo en zijne toepassing in de geneeskunde Amsterdam 1887. — 1888. 192) van Eeden: De psychische geneeswyse. Amsterdam 1888. — 193) Zaandam, St.: Hypnotismo en suggestie et hunne therapeutische beteekenis. Nederl. tijdschrift voor geneesk. 2 R. Bd. XXIV. S. 177- 189. 1888

c) Italien.

1860. 194) Strambio: Sull' ipnotismo e sui fenomeni di somnambulismo artificialo. Gazz. med. ital. lomb. Ser. IV. Bd. V. S. 93. Milano 1860. — 195) Terchotti: Sull' ipnotismo. Raccoglitore med. di Fano. Bd. XXI. S. 71 u. 83. 1860 1881. 196) Seppilli: Gli studj recenti sul così detto magnetismo animale. Torino 1881. — 197) Tamburini e Seppilli: Contribuzione allo studio sperimentale dell' ipnotismo; prima communicazione. Riv. sper. di fren. Jabrg. VII. S. 261. Reggio-Emilia. 1881: Ricerche sui fenomeni di senso, di moto, del respiro e del circolo nell' ipnotismo, o sulle loro modificazione per gli agenti estesiogeni e termici Seconda communicazione, ebenda, Jabrg. VIII. S. 392. 1883: Ricerche sui fenomeni di moto, di senso, del respiro e del circolo nelle così dette fasi letargica, catalettica e somnambolica della ipnosi isterica. Vgl Arch. ital. de biol. Bd. II S. 273. Paris 1882. Eine deutsche Uebersetzung erschien unter dem Titel: Tamburini und Seppilli, Anleitung zur experimentellen Untersuchung des Hypnotismus. Uebersetzt von Dr. O. M. Fränkel, Wiesbaden 1882. Zweites Heft: Wiesbaden 1885. — 1882. 198) Cattani: L'ipnotismo secondo gli studj recenti. Gazz. med. ital. lomb. Bd. XXXIII. S. 263. 273. 283. 343. 353. Milano 1882. — 199) Cernuscoli: L'ipnosi. Gazz. med. ital. prov. Venete. Bd. XXV. S. 93 — 119. Padova 1882. — 200) de Giovanni: Sull' ipnotismo. Atti r. Ist. Veneto di sc. lett. ed arti. Ser. VI. Bd. I. S. 31. 1882. — 201) Mariniani: Contribuzione alla ipnoterapia. Giorn. di neuropatol. Bd. I. S. 385—408. Napoli 1882. 202) Seppilli: Delle nuove ricerche sull' ipnotismo. Riv. sper di fren. Jabrg. VIII S. 123. Reggio-Emilia 1882. — 203) Tamburini e Seppilli: Nuova contribuzione allo studio sperimentale dell' ipnotismo nelle isteriche. Italia med. Ser. II Bd. XVI. S. 185. Genova 1882. — 1883. 204) de Giovanni: Alcune resultanze terapeutiche ottenute mediante l'ipnotismo. Gazz. med. ital. prov. Venete. Bd. XXV. S. 343. Padova 1882. — Als Broschüre: Padova 1883. — 205) Raggi: De più recenti studj all' ipnotismo. Arch. univ. di med. e chir. Bd. CCLXIII. S. 328—352. Milano 1883. — 1884. 206) Bianchi: Cura morale nell isterismo. Arch. ital. per le mal. nerv. Bd. XXI. S. 426. Milano 1884. — 207) de Giovanni: Communicazione sull' ipnotismo. Atti del quarto Congr. della Soc. fren. ital. Bd. IV. S. 300—326. Milano 1884. — 208) Salama: Contribuzione allo studio del ipnotismo. Med. contemp. Bd. I. S. 133. Napoli 1884. — 1885. 209) Castelli e Lumbroso: Follia isterica guarita coll' ipnotismo: paralisi per suggestione negativa. Firenze 1885. — 210) Gasparetti: Isterismo ed ipnotismo. Gazz. med. ital. lomb. Bd. XXXVI. S. 697 - 709. Milano 1885. — 211) Seppilli: La suggestione ipnotica. Riv. sper. di Fren. Bd. XI. S. 325. Reggio-Emilia. 1885. — 212) Seppilli: I fenomeni di suggestione nel somno ipnotico e nella veglia. Riv. sper. di Fren. Bd. XI. S. 325 - 350. Reggio-Emilia. 1885. Englisch in: Alien. and Neurol. Bd. VII. S. 389 - 413. St. Louis 1886. — 213) Vizioli: Del morbo ipnotico, ipnotismo spontaneo, autonomo e dell suggestioni. Giorn. di neuropatol. Bd. IV. S. 289—342. Napoli 1885. — 1886. 214) d'Abundo: Nuove ricerche nell'ipnotismo. Psichiatr. Bd. IV. S. 273. Napoli 1886. — 215) Lombroso: Studj sull' ipnotismo. Arch. di Psichiatr. Bd. VII. S. 257—261. Torino 1886. Als Broschüre: Torino 1886. — 216) Mosso: Fisiologia e patologia dell' ipnotismo. Nuova Antol. Ser. III. Bd. III u. IV. S. 638 - 658 u. S. 56 - 75. Roma 1886. — 217) Morselli: Il magnetismo animale, la fascinazione e gli stati ipnotici. Torino 1886. — 218) Pari: Corea guarita con la ginnastica durante alcune sedute d'ipnotizzazione. Sperimentale. Bd. LVIII. S. 77. 1886. — 219) Vizioli: La terapeutica suggestiva. Giorn. di neuropatol. Bd. IV. S. 308—340. Napoli 1886. - 1887. 220) Amadei: Vomito nervoso abituale guarito per suggestione ipnotica. Cremona 1887. — 221) Amadei: Mutismo isterico guarito colla suggestione ipnotica. Gazz. degli Ospital. Bd. VIII. S. 90. 1887. — 222) Amadei e Monteverdi: Paralisi, contratture e anestesia in uomo isterico cessate per suggestione ipnotica. Bull. di Comit. med. Cremon. Bd. VII. S. 150 bis 160. 1887. Als Broschüre: Cremona 1887. — 223) Belfiore: L'ipnotismo egli stati affini. Napoli 1887. — 224) Conca: Isterismo ed ipnotismo. Roma 1887. — 225) Dello Strologo: Un caso di mutismo isterico guarita coll'ipnotismo. Morgagni. Bd. XXIX. S. 636. Napoli 1887. — 226) Franco: L'ipnotismo tornato di moda; storia e disquisizione scientifica. Prato 1987. Span.: in Sentido catol. Bd. IX. S. 253. 285. 301. Barcelona 1887. — 227) Frusci e Vizioli: Guarizione immediata e completa mercè la suggestione di una paralisi vescicale isterica dura 14 mesi. Giorn. di neuropatol. Bd. V. S. 190. Napoli 1887. — 228) Marina, A. R.: Reazioni dei nervi e dei muscoli alle eccitazione elletriche in una donnache, per repetute ipnosi presentava fenomeni ipnotici in istato di veglia. Riv sperim. 1887. Bd. XIII. S. 168. — 229) Purgotti: La terapeutica ipnotica e suggestiva. Morgagni Bd. XXIX. S. 780. Napoli 1887. — 230) Raffaele: La suggestione terapeutica. Napoli 1887. — 231) Scaravelli: Spasmo esofageo in giovanetto isterico guarito colla suggestione ipnotica. Rev. sper. di Fren. Bd. XII. S. 204. Reggio-Emilia 1887. — 232) Sciamanna: Isterica guarita colla suggestione ipnotica. Spallanz. Bd. XVI. S. 137. Roma 1887. — 233) Tonnini: Suggestione e sogni. Arch. di psichiatr. Bd. VIII. S. 264. Torino 1887. — 234) Ventra: Contributo allo studio dell'ipnotismo come agente terapeutico nelle nervosi. Riv. sper. di Fren. Bd. XII. S. 324. Reggio-Emilia 1887. Als Broschüre: Milano 1887. — 235) Veronesi: L'ipnotismo e il magnetismo davanti alla scienza. Roma 1887. — 1888. 236) Miliotti: Su di un' isterica ipnotizzabile amaurotica dell' occhio sinistro. Morgagni. Jahrg. XXX. S. 167 — 178. Napoli 1888. — 237) Musso e Tanzi: L'influenza della suggestione nell' ipnosi isterica. Collezione di letture sulla medicina. Ser. IV. No. 6. S. 40. Milano 1888. — 238) Raggi: Nuovi studj sull ipnotismo. Arch. di psichiatr. Bd. VIII. S. 501. Torino 1887. Vgl. Riv. sper. di Fren. Bd. XIII. Med. leg. S. 233. Reggio-Emilia 1888. — 239) Tamburini: Contributo allo studio clinico dell' ipnotismo e del cosi detto sdoppiamento della coscienza. Riv. sper. di Fren. Bd. XIII. S. 234. Reggio-Emilia 1888.

d) Spanien.

1860. 240) Castelo y Serra: Mas noticias sobre el hipnotismo. Siglo méd. Bd. VII. S. 3 u. 54. Madrid 1860. — 241) de Olavide: Del hipnotismo. España méd. Bd. V. S. 42. Madrid 1860. — 1882. 242) Corral y Maria: Un caso curioso de histerismo por siquica curada col iqual remedio. Génio méd. quer. Bd. XXVII. S. 72. Madrid 1582. — 1885. 243) Adradas: Dos palabras sobre mas opiniones en el hipnotismo con relacion à la histeria. Rev. de méd. y cirurg. práct. Bd. XVI. S. 231 u. 569. Madrid 1885. — 1886. 244) Herrero: El hipnotismo; sus fenómenos y sus applicaciones. Correo méd. castellano. Bd. IV. S. 19 u. S. 39. Salamanca 1887. Vgl. ebenda Bd. III. S. 515. Salamanca 1886. — 245) Mariani: Accessos histero-epileptiformes en una niña curados por impression moral. Arch. de méd. y cirurg. de los niños. Bd. II. S. 30. Madrid 1886. — 1887. 246) Byron: Del hipnotismo. Cronica méd. Bd. IV. S. 265. Lima 1887. — 247) Carreras Sola: Amaurosis histerica Sanada par la suggestion hipnotica. Rev. de cienc. méd. Bd. XIII. No. 9. Barcelona 1887. — 248) Herrero: Del hipnotismo. Corr. méd. Castellano. Bd. IV. No. 75 u. 79. Salamanca 1887. — 249) Herrero: La hipnotización generalizado, ó sea procedimiento para determinar el hipnotismo. de resultados constantes en todos los individuos, con el aparato hipnotizador del autor. Méd. castellana. Bd. II. S. 9. Valladolid 1887. — 1888. 250) de Areilza: Afasia y afonia traumatico-esenciales curadas por el hipnotismo. Siglo méd. Jahrg. XXXV. S. 248. Madrid 1888. — 251) Calderon, Pulido, Diaz de la Quintana: Una sesion de hipnotismo en la Sociedad española de higiene. Siglo méd. Jahrg. XXXV. S. 130. 161. 177. Madrid 1888. — 252) Gonzalez del Valle: Una sesion de hipnotismo. Siglo méd. Jahrg XXXV. S. 94. Madrid 1888.

e) England.

1843. 253) Braid, J.: Neurypnologie. London, Edinburgh 1843. — 1845. 254) Braid, J.: On hypnotism. Lancet. London 1845. I. S. 627. — 255) Braid:

Cares of natural somnambulism and catalepsic treated by hypnotisme. Med. Times.
Bd. XII. S. 117—119. 1845. — 1846. 256) Braid: The power of the mind over
the body. Edingburgh Med. and Surg. Journ. Bd. 66. S. 286—312. 1846. 1847.
257) Braid: Facts and observations as to the relative value and etherical nar-
cotism for the mitigation or entire prevention of pain during surgical operations.
Med. Times London 1847. Bd. XVI. S. 10. 1851. 258) Braid, J.: Electro-
biological phenomena physiologically and psychologically. Monthly Journ. of Med.
Science. Edinburgh and London. Bd. XII. S. 511—532. 1851. 259) Wood, A.:
Contributions towards the study of certain phenomena which have been recently
denominated experiments in electro-biology, read before the Edinburgh medical-
chirurgical society on 2. April 1851. Monthly Journal of Med. Science. Bd. XII.
S. 407—435. Edinburgh 1851. — 1852. 260) Braid, J.: Magic, witchcraft, animal
magnetism, hypnotism and electro-biology. London 1852. — 1853. 261) Braid, J.:
Hypnotic therapeutics illustrated by cases. Monthly Journ. of Med. Science. 1853.
262) Carpenter, W. B.: Abstract report of a course of six lectures on the phy-
siologic of the nervous system with particular reference to the states of sleep,
somnambulisme (natural and induced) and other conditions allied to these. De-
livered at the Royal Manchester Institution in March and April 1853. — 1855.
263) Braid, J.: The physiology of fascination and the critics criticised. Manchester 1855. — 264) Braid, J.: Observations on the nature and treatment of
certain forms of paralysics. London 1855. — 1859. 265) Dright, R. Y.: Neuro-
hypnotism or artificial nervous sleep . . . . and its importance as a therapeutical
agens. Charleston M. J. Rev. Bd. XIV. S. 584—610. 1859. — 1869. 266) Reynolds and Weir: Heilung von Paraplegien durch Hypnose. British Med. Journ.
Nov. 1869. — 1876. 267) Clarke: Experiments on hypnotism. Pop. Science
Monthl. Bd. IX. S. 211. New York. 1876. — 1880. 268) Chambard: A case of
hysteria with somnambulism. Journ. of Ment. Science. Bd. XXVI. S. 55. London
1880. — 269) Morton: Induced hysterical somnambulism and catalepsy. Med.
Rec. Bd. XVIII. S. 467. New York. 1880. — 270) Romanes: Hypnotism. Pop.
Science Monthly. Bd. XVIII. S. 108. New York 1880. Rocky Mountain Med. Rev.
Bd. I. S. 92. Colorado Springs 1880. — 271) Beard: Nature and phenomena of
trance (hypnotism or somnambulism). New York 1881. — 1881. 272) Girdner:
Concerning hypnotism. Med. Rec. Bd. XX. S. 472. New York 1881. — 273) Glynn:
On the production of the hypnotic condition. Liverpool Med.-Chir. Journ. Bd. I.
S. 176. 1881. — 274) Hack Tuke: Hypnosis redivivus. Journ. of Ment. Science.
Bd. XXVI. S. 531—551. London 1881. — 275) Smec, A. H.: Suggestions as to
lines for future research. London 1881. — 1882. 276) Beard: Current delusions
relating to hypnotism. Alien. and Neurol. Bd. III. S. 57. St. Louis 1882. — 277)
Beard: The study of trance, muscle reading, and allied nervous phenomena in
Europe and America, with a letter on the moral character of trance subjects,
and a defence of Dr. Charcot. New York 1882. — 278) Lancet, The: Vgl.
Bd. I. S. 126. 842. 1057. Bd. II. S. 162. 706. 1037. 1882. — 279) Mills: Review of
hypnotism. Americ. Journ. of Med. Sciences. Bd. LXXXIII. S. 143—163. Philadelphia 1882. Vgl. Phil. Medic. Times. Bd. XII. S. 97. Rev. intern. des sciences biol.
Bd. IX. S. 432—464. Paris 1882. — 1883. 280) Hack Tuke: On the mental condition in hypnotism. Journ. Ment. Science. Bd. XXIX. S. 55—80. London 1883.
Französisch in Ann. méd. psych. Sér. VI. Bd. X. S. 186—200 u. S. 390—411. Paris
1883. — 1884. 281) Hack Tuke: Sleep walking and hypnotism. London 1884.
— 282) Springthorpe: Case of trance in a child, culminating in extasy and hysteria. Austral. Med. Gaz. Bd. IV. S. 105. Sidney 1884. — 1885. 283) Browning:
Hypnotism. Kansas City Rev. Bd. IX. S. 160. 1885. — 284) Mills: A case presen-
ting cataleptic symptoms, the phenomena of automatism at command and of imi-
tation-automatism. Polyclin. Bd. III. S. 144. Philadelphia 1885. — 285) Mitchell:
Lectures on diseases of the nervous system. Philadelphia 1885. — 1886. 286)
McGrew: Hypnotism at the Salpêtrière. American Lancet. Bd. VIII. S. 410.
Detroit 1886. — 287) Rokwell: Cases of somnambulism, their constitutional
character and treatment. Med. Record. Bd. XXX. S. 514. London 1886. —
1887. 288) Allyn: Hypnotism and its curative uses. Med. and Surg. Reporter.
Bd. LVII. S. 22. 703. Philadelphia 1887. — 289) Roth: Physiological effects of
artificial sleep with notes on treatment by suggestion and cures by imagination.
London 1887.

f) Griechenland, Polen und Russland.

1884. 290) Pistes: *Περὶ ὑπνωτισμοῖ. Ἐκ τῆς κλινικῆς τοῦ* Charcot, *Γαληνός.* Bd. IA. S. 5. *Ἀθῆναι* 1884. — **1887.** 291) Cybulski: Der Hypnotismus vom physiologischen Gesichtspunkt aus betrachtet. Przeg. lekar. Bd. XXVI. S. 273. 290. 306. 324. 337. 352. 369. 382. 399. 415. 428. 439. Krakowiek 1887. — 292) Raciborski: Der Hypnotismus im Pariser Hospital La Salpêtrière. 1887. -- 1888. 293) Prus, Raciborski, Jendel: Ueber Hypnotismus. Przegl. lek. Jhg. XXIX. No. 6—10. Krakowie 1888. Vgl. Centralblatt für Nervenheilkunde. Jhg. XI. S. 253. Leipzig 1888. — 1881. 294) Drozdoff, V. J.: Samvrodni gipnotism (morbus hypnoticus). Wratsch. St. Petersburg 1881. Bd. II. 495—506. Uebersetzt: Archiv für Psychiatr. 1882. Bd. XIII. S. 250—267. — 295) Heerwagen: Ueber hysterischen Hypnotismus. Dorpat 1881. — 296) Uspenski: Ueber gewisse Erscheinungen in der Hypnose. Ejened. klin. gaz. St. Petersburg. Bd. I. S. 75. 1881. — 1884. 297) Ebermann: Lethargie, Schlafsucht, Somnus catalepticus hypnosis prolongator. Soobsch i protok. St. Petersburg med. obsch. Bd. I. S. 190. 1884. — 298) Ribalkin: Hysterie mit Lethargie und Somnambulismus. Soobsch i protok. St. Petersburg med. obsch. Bd. I. S. 139. 1884. — 1885. 299) Goosiev: Studie über Automatismus oder Somnambulismus im Rausch. Arch. dlae psichiat. Bd. V. S. 90—107. Charkow 1885. — 300) Kobyljansky: Die Bedeutung des Magnetismus und des galvanischen Stromes im Hypnotismus. Wratsch. Bd. VI. S. 659. St. Petersburg 1885. — 301) Lichonin: Ueber Hypnotismus. Wratsch. Bd. VI. S. 149. St. Petersburg 1885. — 1886. 302) Gamale: Hysterogene polare Zonen, Hypnotismus u. s. w. Russk. Med. Bd. IV. S. 343. Petersburg 1886. — 303) Godneff: Der Hypnotismus in seinen therapeutischen Beziehungen. Dnevnik obschestva vrachei g kazani, Bd. X. S. 197—210. 1885. — 1887. 304) Godneff: Ueber Suggestion während der Hypnose. Dnevnik obshestva vrachei g kazani. Bd. XI. S. 113. 1887. — 305) Kobyljansky: Heilung von Dysmennorrhoe durch hypnotische Suggestion bei einer Hysterischen. Wratsch. Bd. VIII. S. 868. St. Petersburg 1887. — 306) Kolski: Ueber Hervorrufung der Menstruation durch Suggestion in der Hypnose. Medic. Obos. No. 20. Moskwa 1887. Vgl. Wratsch. Bd. VIII. No. 50. St. Petersburg 1887. — 307) Telnichin: Ein Fall von erfolgreicher Anwendung der Hypnose. Wratsch. Bd. VIII. No. 25. St. Petersburg 1887. — 1888. 308) Tokarsky: Hypnotismus u. Suggestion. Moskau 1888.

g) Skandinavien und Dänemark.

1888. 309) Wetterstrand: Om den hypnotiska suggestionens anvaendning i den praktiska medicinen. Hygiea. S. 28. 130. 171. Stockholm 1889. — 1886. 310) Hauff: Er Hypnose en patologisk Tilstand? Norsk. Magaz. f. Laegevid. 4 R. Bd. I. 10. S. 144. Kristiania 1886. — 311) Hauff: Diskussion om Hypnose. Norsk. Magaz. f. Laegevid. 4 R. Bd. I. 11. S. 158 u. 167. Kristiania 1886. — 312) Johannessen: Magnetiske Kure i Kristiania 1817—1821. Christian. Vidensk.-Selsk. Forhandl. Nr. 16. 1886. — 1887. 313) Linde'n: Fall af hypnotisering med svåra följder. Finska läkaresällsk. handl. Bd. XXIX. 5. S 281. Helsingfors 1887. — 1886. 314) Fränkel (Slagelse): Om Hypnotism. Ugeskr. f. Läger. 4 R. Bd. XIII. S. 533 u. 561. Kjöbenhavn 1886. — 1887. 315) Bentzon: Et Par Tilfaelde af Hypnotisering anvendt i kuratirt, Oejemev. Ugeskr. f. Läger. 4 R. Bd. XVI. 31. 32. S. 579. Kjöbenhavn 1887. — 316) Fränkel (Slagelse): Hypnotismen anvendelse i therapien. Ugeskr. f. Läger. 4 R. Bd. XV. 17. S. 245. Kjöbenhavn 1887. — 317) Fränkel (Slagelse): Hr. Dr. med. Jul. Petersens Udtalelser om Hypnotismen i den Kjöbenhavnske Lägeforenings Möde d. 29. Nov. Ugeskr. f. Läger. 4 R. Bd. XVI. 37. S. 683. Kjöbenhavn 1887. — 318) Friedenreich: Hypnotismen som Lägemiddel. Ugeskr. f. Läger. 4 R. Bd. XVI. 39. S. 741. Kjöbenhavn 1887. — 319) Hytten: Helbredelser ved hypnotisk Behandling. Ugeskr. f. Läger. 4 R. Bd. XVI. 36. S. 645. Kjöbenhavn 1887. — 320) Luetken: Hypnotismen anvendt, ved. Lygebehandling. Ugeskr. f. Läger. 4 R. Bd. XVI. 34. 35. S. 617. Kjöbenhavn 1887. — 321) Petersen: Hypnotismen. Ugeskr. f. Läger.

4 R. Bd. XVI. 31. 35. S. 639. Kjöbenhavn 1887. — 322) Petersen: Svar paa Dr Fränkels og Dr. Sells Indlaegon Hypnotism. Ugeskr. f. Läger. 4 R. Bd. XVI. 3* S. 707. Kjöbenhavn 1887. — 323) Scavenius-Nielsen: Om Hypnotismens Berettigelse som Kurmethode. Ugeskr. f. Läger. 4 R. Bd. XVI 39. S 713. Kjöbenhavn 1887. — 324) Sell: Om hypnotismen. En Indsigelse. Ugeskr. f. Läger. 4 R. Bd. XVI. 37. S. 688. Kjöbenhavn 1887. — 1888. 325) Carlsen: Hypnotismen som Lägemiddel. Ugeskr. f. Läger. 4 R. Bd. XVI. 38. S. 711. Kjöbenhavn 1888. — 326) Koch: Hypnotismens Anvendelse som Lägemiddel. Ugeskr. f. Läger. 4 R Bd. XVII. 1. 2. S. 10. Kjöbenhavn 1888. — 327) Schleisner: Hypnotismens Anvendelse som Lägemiddel. Ugeskr. f. Läger. 4 R. Bd. XVII. 1. 5. S. 64 Kjöbenhavn 1888. — 328) Schleisner: Hypnotisme. Ugeskr. f. Läger. 4 R. Bd XVII. 22. 23. S. 404. Kjöbenhavn 1888. — 329) Schleisner: Hypnotismens Berettigelse som kuration Middel og Stilling tie den experimentelle Videnxab. Ugeskr. f. Läger. 4 R. Bd. XVII. 4. 5. S. 69. Kjöbenhavn 1888. - 330) Sell: Hypnotismen og den danske Lägeforening. Ugeskr. f. Läger. 4 R. Bd. XVII. 19. 20. S. 342. Kjöbenhavn 1888.

h) Die Schweiz.

1880. 331) Wille: Die Erscheinungen des Hypnotismus. Corr.-Bl. f. Schweizer Aerzte S. 257—260. Basel 1880. — 1881. 332) Ladame: La névrose hypnotique ou le magnétisme dévoilé. Genève 1881. — 333) Ladame: Observations sur les antécedents des hypnotiques et sur les effets de l'hypnotisme. Rev. méd. de la Suisse. Rom. Jabrg. I S. 290. Genève 1881. — 1882. 334) Schuchardt: Die ersten Mittheilungen u. Versuche über den Hypnotismus bei Krebsen. Correspondenzbl. des Allgem. Aerzte-Vereins in Thur. Nr. 3. 1882. — 1887. 335) Forel: Einige therapeutische Versuche mit dem Hypnotismus (Braidismus) bei Geisteskranken. Corr. für schw. Aerzte. Bd. XVII. S. 481. Basel 1887. — 336) Ladame: Le traitement des buveurs et des dipsomanes par l'hypnotisme. Rev. Hypn. Bd. II. S. 129 u. 165. Paris 1887. — 337) von Lilienthal: Der Hypnotismus und das Strafrecht. Zeitschrift ges. Strafrechtswissensch. Bd. VII. 3. S. 281 394. Berlin u. Leipzig 1887. — 1888. 338) Forel: Einige Bemerkungen über den gegenwärtigen Stand der Frage des Hypnotismus nebst eigenen Erfahrungen. Munch. med. Wochenschr. Bd. XXXV. S. 71. 1888. Ein Nachtrag hierzu: ebenda S. 213. — 339) Forel: Zur Therapie des Alkoholismus. Münch. med. Wochenschr. 26. Juni 1888. — 340) Ladame: Observation de somnambulisme hystérique avec dédoublement de la personnalité guéri par la suggestion hypnotique. Rev. Hypn. Bd. II. S. 257. Paris 1888. — 341) Miescher: Hypnotismus und Willensfreiheit. Vortrag, gehalten in der Aula der Universität Basel, d. 6. März 1888. Separatabzug aus der Allgem. Schw. Ztg. vom 17.—22. März 1888. Basel. — 342) Ringier: 3 Fälle von Stottern mit Hypnose behandelt. Schw. Corr.-Bl. Nr. 11 u. 12. 1888.

i) Oesterreich - Ungarn, Deutschland.

1860. 343) Heyfelder, J. F.: Die Anaesthesia hypnotica. Deutsche Klinik. Berlin 1860. Bd. XII. S. 59. — 344) von Patruban: Ueber den Hypnotismus in physiologischer und praktischer Beziehung. Oesterr. Zeitschr. f. prakt. Heilk. Bd. VI. S. 285. Wien 1860. — 1873. 345) Czermak: Hypnose an Thieren. Sitzungsberichte der Wiener Akad. LXVI. 3. Abth. Arch. für die ges. Physiologie Bd. VII. S. 107—121. 1873. — 346) Czermak: Nachweis echter hypnotischer Erscheinungen bei Thieren. Med. Centralbl. Bd. XI. S. 177. 1873. — 347) Preyer: Ueber Thierhypnose. Centralbl. für die med. Wissensch. 15. März 1873. — 1876. 348) Heubel, Dr. E.: Ueber die Abhängigkeit des wachen Gehirnzustandes von äusseren Erregungen. Ein Beitrag zur Physiologie des Schlafreflexes. Arch. f. die ges. Physiol. 2. u. 3. Heft. S. 158—210. 1876. — 1878. 349) Preyer: Die Kataplexie und der Thierhypnotismus. Samml. physiol. Abbandl. 1. Heft (Jena) 1878. — 1879, 350) Haeser: Lehrbuch der Geschichte der Medicin. 3. Aufl. Bd. II. S. 784. Jena 1879. — 351) Weinhold: Hypnotische Versuche.

Exp. Beiträge zur Kenntniss des sogen. Thiermagnetismus (Chemnitz 1879). —
1880. 352) Adamkiwics: Ueber Hypnotismus bei Menschen. Berl. klin. Wochenschr. Nr. S. 1880. — 353) Benedict: Ueber Katalepsie und Mesmerismus.
Wiener Klinik 1880. Heft 3. — 354) Berger: Experimentelle Katalepsie (Hypnotismus) Dtsch. med. Wochenschr. Berlin 1880. Bd. VI. S. 116—118. — 355) Berger:
Hypnotische Zustände und ihre Genese. Breslauer ärztl. Zeitschr. Bd. II. S. 109.
121. 133. 1880. — 356) Berger: Ueber die Erscheinungen und das Wesen des
sogen. thierisch. Magnetismus. Verhandl. der med. Section d. Gesellsch. f. vaterl.
Cultur. Sitzung v. 6. Febr. 1880. Bresl. ärztl. Zeitschr. 1880. Bd. II. Nr. 4. S. 41.
— 357) Börner: Thierischer Magnetismus und Hypnotismus. Deutsche med.
Wochenschr. Bd. VI. S. 89. Leipzig 1880. Franz. in: Journ. de méd. chir. et
pharmacol. Bd. LXXI. S. 24. 105. 339. 444. 556. Bd. LXXII. S. 48 u. 50. Bruxelles
1880 u. 1881. — 358) Brock: Ueber stoffliche Veränderungen bei der Hypnose.
Deutsche med. Wochenschr. 1880. Bd. VI. S. 598. — 359) Cohn: Ueber hypnotische Farbenblindheit mit Accomod.-Krampf und über die Methode, das Auge
zu hypnotisiren. Bresl. ärztl. Zeitschr. 27. März 1880. — 360) Cohn: 1. Ueber
hypnotische Farbenblindheit. 2. Das Verschwinden der Farbenblindheit bei
Erwärmen des Auges. Deutsche med. Wochenschr. Bd. VI. S. 16. 1880. — 361)
Eulenburg: Ueber Galvanohypnotismus, hysterisch. Lethargie und Katalepsie.
Wiener Klinik 1880. Heft 3. — 362) Friedberg, Herm.: Ueber den Hypnotismus vom gerichtsärztlichen Standpunkt. Vortrag, gehalten in der jurist. staatswissenschaftliche Section der schles. Gesellschaft f. vaterl. Cultur. 10. März 1880.
Auszug: Deutsche med. Wochenschr. 1880. Nr. 21. — 363) Grützner: Neuere
Erfahrungen auf dem Gebiete des sog. thier. Magnetismus. Centralbl. f. Nervenheilkunde. Nr. 10. 1880. — 364) Grützner: Hypnotische Versuche in Danzig.
Allgem. Wiener med. Ztg. Nr. 40. 1880. — 365) Gscheidlen. R.: Die Erscheinungen des sog. thier. Magnetismus im Lichte der Naturwissenschaften. Nr. 3, 4
u. 5 der Augsb. Allgem. Ztg. 1880. — 366) Heidenhain: Der sog. thierische
Magnetismus. Leipzig 1880 (Breitkopf u. Härtel). — 367) Heidenhain: Hypnotische Untersuchungen. Bresl. ärztl. Zeitschr. 1880. Bd. II. S. 52—55. — 368) Heidenhain u. Grützner: Halbseitiger Hypnotismus, Aphasie, Mangel des Temperatursinnes bei Hypnotischen. Bresl. ärztl. Zeitschr. 1880. Bd. II. S. 39. — 369)
Malten, Fr.: Der magnetische Schlaf. Ueber die hypnotischen Zustände nach
den Erörterungen der Breslauer Aerzte. Breslau 1880 (Stenis liter. Bureau). —
370) Mendel: Ueber Fälle von Einschlafen. Deutsche med. Wochenschr. Bd. VI.
S. 201. 1880. — 371) Meyersohn, B.: Einiges über den Hypnotismus. Deutsche
med. Wochenschr. Berlin 1880. Bd. VI. S. 171—174. — 372) Preyer: On sleep
and hypnotism. British med. Journ. Nr. 1027. 4. Sept. 1880. — 373) Rühlmann,
R.: Die Experimente mit dem sog. thier. Magnetismus. Nr. 8 u. 9 d. Gartenlaube
1880. — 374) Rumpf: Ueber Reflexe. Deutsche med. Wochenschr. Nr. 29. 1880.
— 375) Senator: Ueber Hypnotismus. Berl Klin. Wochenschr. Bd. XVII. S. 19.
1880. — 376) Sitzungsberichte der Jenaischen Gesellschaft für Medicin und
Naturwissenschaften. Ueber Hypnotismus. 28. Mai 1880. — 377) Schneider, G. H.:
Die psychologische Ursache der hypnotischen Erscheinungen. Leipzig 1880. —
378) Strübing: Ueber Katalepsie. Deutsch. Arch. f. klin. Medicin. Bd. XXVII.
S. 111. 1880. — 1881. 379) Bäumler, C.: Der sog. animale Magnetismus oder
Hypnotismus. Leipzig 1881. — 380) Berger: Ueber das Verhalten der Sinnesorgane in dem hypnotischen Zustand. Bresl. ärztl. Zeitschr. 1881. S. 79. — 381)
Berger: Hypnotismus und thierischer Magnetismus. Verein. 1881. — 382)
Browne, J. C.: Dr. Beard's hypnotische Experimente. Berl. M. J. Bd. II. S. 378.
1881. — 383) Danilewsky: Hemmungen der Reflex- und Willkürbewegung.
Beitrag zur Lehre vom thier. Magnetismus. Pflügers Arch. 1881. Bd. XXXIV. —
384) Drozdoff: Ueber Hypnotismus. Centralbl. f. med. Wissensch. Berlin 1881.
Bd. XIX. S. 275—378. — 385) Fanzler: Hypnotismus u. Hysterie. Orvosi hetil.
Bd. XXV. S. 1150. Pest 1881. — 386) Friedberg, H.: Das Magnetisiren (forensisch). Vortrag am 10. März in der schles. Gesellsch. f. vaterl. Cultur gehalten.
1881. — 387) Hoppe: Augenbewegungen als neues Schlafmittel. Memorabilien
1881. Bd. XXVI. S. 27. Auch im Journ. f. Gesundheitspflege. Wien 1881. Bd. V.
— 388) Möbius, J. P.: Ueber den Hypnotismus. Schmidt's Jahrbücher 1881.
S. 23—93. — 389) Preyer, W.: Die Entdeckung des Hypnotismus. Berlin, Pätel,
1881. — 390) Spamer, C.: Ueber den Hypnotismus, seine Ursachen, sein Wesen

u. s. w. Jahrb. f. Psychiatrie. Wien 1881. Bd. III. S. 24 - 45. — 391) von der Steinen: Ueber den natürlichen Somnambulismus. Heidelberg 1881. — 1882. 392) Finklenburg: Ueber einen Fall von evidenter Gesundbeitsschädigung durch hypnotisirende Einwirkung. Verhandl. des Congresses f. ins. Med. 1882. Bd. I. S. 141—146. — 393) Gürtler, G.: Ueber Veränderungen im Stoffwechsel unter dem Einfluss der Hypnose u. bei Paralysis agitans. Inaug.-Dies. Breslau 1882 (Köhler). — 394) Högyes u. Laufenauer: Ueber Hypnotismus. Wiener med. Presse. Bd. XXV. S. 342. 1882. — 395) Langer, L.: Hypnose u Katalepsie bei einem hyster. Mädchen. Wiener med. Wochenschr. Bd. XXXII S. 526—529. 1882. — 396) Preyer: Der Hypnotismus. Berlin, Pätel, 1882. — 397) Rieger, K.. Ueber Hypnotismus. Sitzungsbericht der physikal. medicin. Gesellschaft zu Würzburg 1882. S. 1—14. — 398) Sänger: Ueber Hypnotismus. Wiener med. Wochenschrift. Nr. 15. 1882. — 1888. 399) Fischer: Der sog. Lebensmagnetismus, od. Hypnotismus. Mainz 1883 (Kirchheim). — 400) Stein: Beobachtungen über eine bemerkenswerthe Wirkung der statischen Elektricität. Centralbl. für Nervenheilkunde. Nr. 8. 1883. — 1884. 401) Högyes: Demonstration des Hypnotismus an Hystero-Epileptischen. Wien. med. Wochenschr. Bd. XXXIV. S. 351. 1884. - 402) Rieger: Hypnotismus u. sog. animalischer Magnetismus. Deutsche med. Ztg. Berlin Bd. II. S. 509—523. 1884. — 403) Rieger, C.: Psychiatrische Beiträge zur Kenntniss der sog. hypnotischen Zustände. Jena 1884 (Fischer). — 404) Verhandlung der Gesellschaft der Aerzte in Budapest: Die Erscheinungen des Hypnotismus bei hysterocpileptischen Personen. Erlenm. Centralbl. S. 340. 1884. — 405) Wiebe: Einige Fälle von therapeutischer Anwendung des Hypnotismus. Berliner klin. Wochenschr. Bd. XXI. S. 33. 1884. — 1885. 406) Danielewsky: Zur Physiologie des thierischen Hypnotismus. Centralbl. f. d. med. Wissensch. Bd. XXIII. S. 337. 1885. — 407) Finkelberg: Ueber die diagnostische Verwerthung von hypnotischer Erscheinung. Allg. Zeitschr. f. Psychiatr. Bd. XLI. S. 679. Berlin 1885. — 408) Jendrassik: A hypnotismusvol. Orvosi hetil. Bd. XXIX. S. 29. 53. 88. Pest 1885. — 409) Kaan: Ueber Beziehungen zwischen Hypnotismus u. cerebraler Blutfüllung. Wiesbaden (Bergmann) 1885. — 1886. 410) Laker: Ueber das Auftreten von Gesichtsödem nach hypnotischem Schlafe. Berl. klin. Wochenschr. Bd. XXII. S. 40. 1886. — 411) Laufenauer: Hypnotische Anfälle im Anschluss an eine hystero-epileptische Neurose. Pest. med.-chir. Presse. Bd. XXI. S. 177. 1885. — 412) Moravcsik: Freiwillige Suggestion bei einer hystero-epileptischen Frau. Pest. med.-chir. Presse. Bd. XXII. S. 217. 1886. — 1887. 413) Binswanger: Ueber den heutigen Standpunkt des Hypnotismus. Neurol. Centralbl. Bd. VI. Nr. 19. Berlin 1887. — 414) Bleuler: Der Hypnotismus. Münch. med. Wochenschr. Jahrg. XXXIV. S. 699 u. 714. 1887. — 415) Dessoir: Der Hypnotismus in Frankreich. Sphinx. Bd. III. S. 141. 1887. — 416) Ewald: Der Hypnotismus i. d. Therapie. Deutsche med. Ztg. Bd. VIII. 90. S. 1025. Berlin 1887. — 417) Gessmann: Magnetismus und Hypnotismus. Wien 1887. — 418) Mendel, E.: Ein Fall von Taubstummheit bei einem Hysteroepileptiker mit Hypnotismus behandelt. Neurol. Centralbl. Nr. 18. 1887. — 419) Moll: Der Hypnotismus in der Therapie. Berl. klin. Wochenschr. Bd. XXIV. S. 46. 47. 58. 71 und 893. 1887. Verhandl. Berliner med. Ges. Bd. XVIII. 1. S. 159. 1887. — 420) Obersteiner: Der Hypnotismus mit besonderer Berücksichtigung seiner klinischen und forensischen Bedeutung. Klinische Zeit- und Streitfragen. Bd. I. S. 49—80. Wien 1887. — 421) Preyer und Binswanger: Hypnotismus. Real.-Encycl. der ges. Heilk. Bd. X. S. 61—124. Wien u. Leipzig 1887. — 422) Rosenthal: Zur Charakteristik der Hysterie. Allg. Wien. med. Ztg. Bd. XXXII. Nr. 46 u. 47. 1887. — 423) Sallis: Der thierische Magnetismus und seine Genese. Ein Beitrag zur Aufklärung und eine Mahnung an die Sanitätsbehörden. Leipzig 1887. — 424) Sallis: Ueber hypnotische Suggestionen, deren Wesen, deren klinische und strafrechtliche Bedeutung. Berlin u. Neuwied 1887. — 425) Schulz: Ueber die therapeutische Verwendung der Hypnose. Neurol. Centralbl. Bd. VI. Nr. 22. Berlin 1887. — 426) Stille: Hypnotismus und Suggestion. Irrenfreund. Jahrg. XXIX. S. 23—38. 49—62. Heilbronn 1887. — 427) Tereg: Erregbarkeit des Nerven und Muskels in der Hypnose. Centralbl. für med. Wissensch. Bd. XXV. S. 241. 1887. — 428) Wernicke: Zur Theorie der Hypnose. Eine Anregung. Vierteljahrsschr. f. wissenschaftl. Phil. Bd. XI. S. 308—328. Leipzig 1887. — 1888. 429) Baierlacher: Die hypnotische Suggestion in der medicinischen Therapie. Münchner med. Wochenschr. S. 417. Nr. 30. 1888. — 430) Bernheim: Die Suggestion und ihre Anwendung in der Heilkunde, ins Deutsche übersetzt von Sigm. Freud. Juni 1888. — 431) Dornblüth, Otto: Zur Kenntniss der therapeutische Anwendung des Hypnotismus. Deutsche med. Ztg. 23. Oct. 1888. S. 187. — 432) Dessoir: Bibliographie des modernen Hypnotismus. Berlin 1888. — 433) Frey: Schlaflosigkeit, geheilt durch hypnotische Suggestion. Wiener med. Presse. 25. 1888. — 434) Hähnle: Hypnotische Studien. Allgemeine conserv. Monatsschrift. Bd. XLIV. S. 1047. Bd. XLV. S. 3—12. Leipzig 1887 und 1888. — 435) Hering: Ueber Hypnotismus. Berlin 1888. — 436) Hückel: Die Rolle der Suggestion bei gewissen Erscheinungen der Hysterie u. des Hypnotismus. Kritisches und Experimentelles. Jena 1888. — 437) Jendrassik: Einiges über Suggestion. Neurol. Centralblatt. S. 282 und 321. 1888. — 438) Königshöfer: Ist der Hypnotismus ein in der Augenheilkunde sich verwerthendes Heilmittel? Klinisches Monats-Blatt f. Augenheilkunde. Bd. XXVI. S. 13. Jan. 1888. — 439) von Krafft-Ebing: Hypnotische Demonstrationen im Verein der Aerzte in Steiermark. Centralbl. f. Nervenheilk. Bd. XI. 4. S. 118. Leipzig 1888. — 440) von Krafft-Ebing: Eine experimentelle Studie über den Hypnotismus. Stuttgart (Enke) 1888. — 441) Lewin, G.: Ein Beitrag zur Frage der Hypnose und ähnlicher Zustände; aus der klin. Abtheil. f. Syphilis d. kgl. Charité. Deutsche med. Wochenschr. Bd. XVI. S. 4. 1888. — 442) Mendel: Der Hypnotismus und seine Verwerthung als Heilmittel. Nation. Jahrg. V. Nr. 16. S. 222. Berlin 1888. — 443) Moll: Ueber Hypnotismus; mit Demonstration an Kranken. Centralbl. f. Nervenheilk. Jahrg. XI. S. 253. Leipzig 1888. — 444) Nonne: Zur therapeutischen Verwerthung der Hypnose. Neurol. Centralblatt Jahrg. VII. S. 185 u. 218. Berlin 1888. — 445) Rieger: Einige irrenärztliche Bemerkungen über die strafrechtliche Bedeutung des sog. Hypnotismus. Ztschr. f. d. ges. Strafrechtswiss. Bd. VIII. S. 316. Berlin 1888. — 446) Schnitzler: Larynxneurosen geheilt durch Hypnotismus u. erfolgreiche Operation von Nasenpolypen i. d. Hypnose. Internat. klin. Rundschau. Nr. 32. 1888. — 447) Seeligmüller: Der moderne Hypnotismus. Deutsche med. Wochenschr. Bd. XIV. S. 7. 78. 262. Berlin 1888. — 448) Sperling: Ein Fall von Hystero-Epilepsie durch Suggestion geheilt. Verh. Berl. med. Ges. Bd. XVIII. S. 142. 1888. — 449) Sperling: Einige therapeutische Versuche mit Hypnotismus. Neurolog. Centralblatt Nr. 11. 13. 15. 1888. — 450) Strümpell: Die Wirkungen der Suggestion bei schwerer Hysterie. Münchner med. Wochenschr. Nr. 32 u. 33. 1888. — 451) Treulich: Zwei Fälle von Hypnose. Prager med. Wochensch. Jahrg. VIII. S. 97. 1888. — 452) Weissenberg: Anwendung der Hypnose gegen Trigeminus-Neuralgie. Allg. med. Centralzeitung Nr. 36. 1888. — 453) Wilhelm: Ueber den gegenwärtigen Stand einiger neueren Disciplinen in der Nervenpathologie. 1. Die Magnetotherapie. 2. Der Hypnotismus. Allg. Wiener med. Ztg. Bd. XXXIII. S. 48 u. 60. 1888.

NACHTRAG.

Frankreich.

1882. 454) Dauchez: Du rôle de l'imagination en médecine. Journ. des sciences méd. de Lille. Bd. IV. S. 843. 857. 925. 1882. — 1886. 455) Boucher (fils): Hystérie chez l'homme, hypnotisme, léthargie, catalepsie, somnambulisme, présentation du malade et expériences. Union médicale de la Seine inférieure. Bd. XXIV. S. 35. Rouen 1886. — 1888. 456) Voisin, A.: Traitement d'aliénation mentale par la suggestion hypnotique. Rev. Hypn. Bd. II. S. 326. Paris 1888.

Italien.

1887. 457) Sciamanna: Suggestione therapeutica indipendentemente dall' ipnotismo. Bull. della Soc. Lancisiana degli osp. di Roma. Bd. VII. S. 297 1887. — 458) Viscardi: Un caso di guarizione di paralisi isterica mediante e ipnotismo. Gazz. med. ital. lomb. Bd. XLVII. S. 161. Milano 1887. — 1888. 459) Bianchi: La suggestione nella salute e nella malassia. Sperimentale Bd. XLII. S. 269—281. Firenze 1888.

Spanien.

1887. 460) Labadie: Contribución para el estudio del hipnotismo en México. Gac. méd. de México. Bd. XXII. S. 450—461. 1887. — 1888. 461) Herrero: El hipnotismo y a la suggestion. Estudios di fisio-psicologia etc. Madrid 1888. — 462) Trujellano: Accessos epilepticos curados por suggestion hipnotica. Siglo médico. Jahrg. XXXV. S. 379. Madrid 1888.

England.

1872. 463) Cullen: Mesmerism. Indian med. Gaz. Bd. VII. S. 243. Calcutta 1872. — 1876. 464) Wozencraft: The dead brought to life by animal magnetism. Pacif. med. etc. Bd. XVIII. S. 221. San Francisko 1876.

Griechenland und Russland.

1888. 465) Papabaskleos: Ἴασις ἑστερικῆς διὰ τοῦ ὑπνωτισμοῦ. Γαλμνὸς I. S. 203. Ἀθῆναι 1888. — 466) Jakovenko: Ein Fall von hysterischer Neuralgie, behandelt durch hypnotische Suggestion. J. Med. Obosr. Bd. XXX. S. 430. Moskowa 1888.

Skandinavien.

1888. 467) Wetterstrand: Om hypnotismen. Stockolm 1888.

Schweiz.

1888. 468) Burkhardt: Application de l'hypnotisme au traitement des maladies mentales. Rev. de l'Hypn. Aout 1888.

94 Nachtrag.

Oesterreich und Deutschland.

1870. 469) Fritzschen: Geschichtliches über die Anwendung des sogen. thier. Magnetismus in der Medicin. Berlin 1870. — 1888. 470) Anton: Ueber die hypnotische Heilmethode bei Neurosen. Jahrb. für Psychiatrie. Bd. VIII. 1 u. 2. S. 194—211. Leipzig u. Wien 1888. — 471) Maak: Zur Einführung in das Studium des Hypnotismus u. animal. Magnetismus. Berlin u. Neuwied 1888. — 472) Meynert: Mittheilungen über Hypnotismus. Verhandl. d. kgl. Gesellsch. d. Aerzte in Wien am 13. Jan. 1888. — 473) von Nussbaum: Neue Heilmittel bei Nervenkrankheiten. Als Broschüre. München 1888. — 474) Sallis: Der Hypnotismus in der Geburtshilfe. Berlin u. Neuwied 1888. — 475) Sallis: Der Hypnotismus in der Pädagogik. Berlin u. Neuwied 1888. — 476) Weiss: Ueber den Hypnotismus. Prager med. Wochenschrift. Jahrg. XIII, S. 187—220. 1888.

www.ingramcontent.com/pod-product-compliance
Lightning Source LLC
Chambersburg PA
CBHW021945190326
41519CB00009B/1148